放松喝茶，用心生活

閑茶醉禪

洪启嵩 著

三联书店

心茶，无所不在的喜悦

现代人真忙，忙着追求物欲的满足，但是物质满足了，心灵就能满足吗？幸福的感受、单纯的喜悦、平静的心情该从哪里寻找？

《喝茶解禅》中，作者洪启嵩给了一个很简单的方法：从喝一杯茶开始。

喝一杯茶，单纯地享受它的滋味。闻香、品尝、感受茶汤顺着喉脉缓缓进入体内。眼睛放松，嘴巴放松，耳朵放松，鼻子放松，将身心都放松了，才能喝出水的滋味、茶叶的香气，甚至可以感受到茶叶生长时的阳光、空气和土壤。喝一杯茶，就能拥有这样的满足。

每个当下都要用这样满足的心情，去面对每一个念头，面对生活，面对自己的生命。放慢脚步，才能真正看到风景。放空心绪倾听，才能听出话语真意。放松喝茶，因为人生无来无去，我们用心单纯地生活。这样的人生，多美！

这个时候，你喝的便不再只是一杯茶，而是“心茶”。这杯茶映照了你自己的心，你喝下的是对自己生活的体会和感受。这是平淡的，却也是真实的。

我曾在自己的书《随便想想》里提过，我们该培养的是“清富”的观念，简单地调息，慢步，将心思单纯化，这跟禅师洪启嵩所提的观念不谋而合。在现世人心这么混乱的情况下，我们更需要静下来，听听自己内在的需求，喝一杯茶这么简单的行为，是用心生活的本质。

用这样的方式来读这本书吧！喝一杯茶，读一段字，享受作者的字跟画；停下来想一想，再读一段字。你会感到从内心涌上的满足感，就跟喝下好茶时的回甘一样。这么平淡的满足，是生活中真正的清富。正如作者洪启嵩所说，茶是生命惊喜的邀请，而人生是一场又一场美丽的茶宴。如果抱着急匆匆的心情，所有感受都被物欲和情绪干扰，如何能喝出茶滋味，更遑论以满足喜悦的心情来参加人生这场茶宴了。

禅师洪启嵩喻禅于茶，无非是想借着生活中无所不在的茶，来为现代人提供一帖让身心灵安顿的良方。因为禅跟茶一样，是每个人都可以尝试跟实践的。何不放缓呼吸，让全新的今天从喝一杯心茶开始？

统一集团总裁

林蒼生

茶的原心

茶，与人类的文明可以说是一个偶然又必然的美妙邂逅。

相传饮茶最早始于神农氏尝百草，一日而遇七十毒，得茶以解之。茶从最初作为解毒的药物，到后来成为解渴饮料，进而发展成与我们心灵相应的饮品，这段演进的过程，事实上也是人类心灵升华的历程。

茶的灵性，深刻地体现了大地的体性，也反映出其所生长的时空环境的特质。在我喝过的茶之中，最令人难忘的，是台湾八七水灾之后所采的茶，茶味中蕴含了那么深的沧桑和苦难。透过茶的心，我们体会了大地的心，也体会了大地的性灵，因此而升华了人类的心。

茶对养生的助益，很早就被发现了。《神农食经》中记载着：“茶茗久服，令人有力悦志。”自古以来，无论是在心性的修炼上，还是在生活的历练中，都能深刻体会到茶这种不可思议的特性。因此，古代山林的仙人和处士，都善于将茶运用于身心养生与心灵提升。

除了解渴、养生，茶与人类心灵更有深刻交会，茶品与人品相应，而发展出“人品即茶品，茶品即人品”的特殊文化，以茶来升华自己的身心品格、精神与修养，并展现自身的纯粹心灵境界。茶超越了原有物质属性，进入了我们心灵的领域。

禅宗更是将茶美好的特性，运用得淋漓尽致，从日常饮茶养生、提神，作为精进坐禅修道的良方，到最后将心与茶完全相融相会，将茶汇入禅宗修证体系，以禅来展现茶的极致，展现最圆满的生命境界。这些在在都让茶超越了物性的原始意涵，成为帮助修行人悟道、让人类文化走向圆满的灵性饮品。

茶与禅的相会，不只在中国创造出如此伟大的文化，也影响了日本，发展出完整的茶道。现在大家谈到茶道，多以日本为代表，但茶道有时对于泡茶礼则仪轨的重视更甚于心，这是非常可惜的。

我们来深入思考“茶道”的真义。所谓“道”者，心也，有道者，必然有礼，但“茶道”，绝不只是“茶礼”而已，并非只是一种外在形式的展现，茶礼不能取代茶道与茶。茶，在这个时代，应该更多元，更广大，更深入。

因此，我提出“心茶瑜伽”的观点。“瑜伽”是相应的意思，心茶瑜伽是指在喝茶的静境中，透过茶与心的交融、应和，来达到心茶合一的觉明禅境。从泡茶、吃茶的过程中，回观自心、六根与茶的相应，回到心和茶的交融相应，身心舒畅，意识清明，心与茶完全统一和谐了。

我们的心和宇宙，通过茶这个美妙的媒介，不再有距离。心和茶，如同两面清亮的明镜，相互映照，幻化出无比美丽的世界。

回到茶最初的原心，我以“茶者，心之水，饮之畅灵”来表达心茶的意境。茶是心之水，只有将茶与心，完全相合相应在一起，这时，才能回到禅者喝茶的本位，就像当初赵州禅师“吃茶去”的公案，正是一个禅师以悟境与茶完全相应的精神。

只有能体悟茶的原心，才能打破外在形式的樊篱，让茶呈现自心的面貌，在这个时代中重新发光发热。

茶，是我二十四小时最贴心的好朋友，也是照顾我身体最佳的护士。每天早上醒来，我的床头总有一杯茶静静地等候着，为我开启美好的一天。当我们将身心完全放松，让甘洌的茶水，顺着舌根滑入喉中，那种满足而寂静的感觉，就像茶水顺着心脉，将心灵也抚得平顺了。

朋友来访时，茶就成了我们和朋友欢喜聚会的媒介。大家在一起，欢欢喜喜，自自在在。有人来了，心情不好，吃茶去；有人来了，心情好，吃茶去；有人来了，没事，吃茶去。泡茶的主人，吃茶的宾客，一切平平等等，圆圆满满。

祈愿通过这本书，帮助大家综览人类历史和茶文化交织出的美丽风貌，进而以心茶相应的“心茶瑜伽”，引领大家回归茶的原心，用放松清明的心，体会“茶心一如”的妙境。

让茶为我们抚平生命的烦忧，增长欢喜，让每一颗心的美好自在，相互交映，展现出人间最美的光明！

无论春夏秋冬，不管喜怒哀乐，来喝一杯茶吧。
茶汤显现大地的心，
茶汤映照你的心，
热气氤氲，茶叶在壶里舒展，
你的心也平静了下来。
你看到了吗？你听到了吗？
这杯茶是生命发出的邀请，是人生惊喜的召唤。

第一篇

生命惊喜的邀请

来我家喝杯茶吧

这是一种召唤和邀请，
请你停下匆匆的脚步，
调匀呼吸，
静下心来，
放大所有感官，
徐徐进入心茶相应的世界吧！

“来我家坐坐，喝杯茶吧！”

这是一句再普通不过的寒暄语，就跟我们说“今天天气不错！”“吃饱了吗？”大致相同，只不过其中更多了一层温暖的意思。请朋友到家里来喝杯茶，是中国人的待客之道，相当于邀请对方跟自己一起度过一段轻松悠闲的时光，好好坐下来，一起分享把茶言欢的闲情雅致。

茶文化与现代慢活主义

如果以西方的观点来看，东方人的喝茶文化其实就是慢活主义。慢活是西方人对工业文明快速节奏的反思，简单来说就是主张与其快速，还不如放慢节奏，享受生活，用心感受生活中的点点滴滴，以及和别人的互动等。东方人喝茶，道理与西方慢活的核心思想不谋而合，可说是东海有圣人焉，西海有圣人焉，其心同，其理同。喝茶最忌急躁，而备茶的所有过程，为的就是要让人放缓速度，静下心来。

东方是茶的原乡，相对于西方人的咖啡，茶对东方人来说具有特殊的意义，它可以是个人的、私密的，也可以是众人的、分享的。更有趣的是，茶还可以因为泡茶者当日的情绪不同，而泡出不同的滋味。我们说“茶性易染”，茶不仅容易吸收

四周环境的气味，连人的情绪也会吸收。唐朝的刘贞亮曾经提出“饮茶十德”，分别是以茶散郁气、以茶驱睡气、以茶养生气、以茶除病气、以茶利礼仁、以茶表敬意、以茶尝滋味、以茶养身体、以茶可雅志和以茶可行道，显现出茶跟人的生活息息相关。骚人墨客更是经常从饮茶中得到灵感而文思泉涌，因此跟茶有关的故事和诗词歌赋也就源源不绝了。

“淡”的美学与审美观

茶与咖啡不同的是，喝咖啡时喜欢浓烈，但喝茶则讲究“淡”，也就是一种“淡”的美学与审美观，这种审美观源自老庄思想中的恬淡与淡泊。老子说：“道之出口，淡乎其无味。”当代作家贾平凹曾经在《品茶》一文中说过一个故事，最得茶味。他说，西安城里一群搞艺术的人聚在一起喝茶聊天，茶一壶壶地上，过了好些时候，身为东道主，同时也在文坛上颇有名望的诗人子兴，终于忍不住站起来说话了：

“怎么样，这茶好吗？”

众人说：“一般。”

“甚味？”

“无味。”

“要慢慢地品。”

“很清。”

“再品。”

“很淡。”

子兴不断地启发，回答都未使他满意，他有些遗憾了，说：

“这是龙井名茶啊！”

这竟使众人都大惊了。他们住在这里，一向喝着陕青茶，从来只知喝茶就是喝那比水好喝一点的黄汤，从来不知品茶的品法；老早听说龙井是茶中之王，如今喝了半天了，竟没有喝出特别的味来，真是可谓蠢笨，便怨恨子兴事先不早说明，又责怪这龙井盛名难副，深信“看景不如听景”这一俗语的真理了。

“好东西为什么这么无味呢？”

大家觉得好奇，谈话的主题就又转移到这茶上来了。众说不一，各自阐发着自己的见解。

画家说：“水是无色，色却最丰。”

戏剧家说：“静场便是高潮。”

诗人说：“不说出的地方，正是要说的地方。”

小说家说：“真正的艺术是忽视艺术的。”

子兴说：“无味而至味。”

评论家说：“这正如你一样，有名其实无名，无乐其实大乐也！”

喝一杯心茶，看山是山，看海是海

这个故事除了令人莞尔之外，最后抒发己见的几句话，深得老庄思想的精髓，也把茶淡然有味的美学境界推到了巅峰。

中国的茶历史与茶文化

中国人最早懂得喝茶，也最会喝茶，喝茶已有数千年的历史。自从神农尝百草，日遇七十二毒，得茶而解之，中国人就懂得喝茶了。在汉、三国、两晋时期，不少地方已经形成饮茶礼俗，各族人民，家家户户无不以茶待客，表示敬意。而茶文化可能是中国最具人文内涵，也最值得其他国家学习的文化。

“五四”时期的文人多爱喝茶，其中更以周树人（鲁迅）与周作人这对兄弟为代表，周作人认为生活不是件容易的事情，如果能把生活当成艺术，讲究一点无用的游戏与享乐，会比像动物那样只顾生理需求，来得有意思得多。周作人在《喝茶》中说：“喝茶当于瓦屋纸窗之下，清泉绿茶，用素雅的陶瓷茶具，同二三人共饮，得半日之闲，可抵十年的尘梦。喝茶之后，再去继续修各人的胜业，无论为名为利，都无不可，但偶然的片刻优游乃正亦断不可少。”

几年后，鲁迅也写了一篇叫作《喝茶》的文章，当中说：“有好茶喝，会喝好茶，是一种‘清福’。不过要享这种‘清福’，首先就须有功夫，其次是锻炼出的特别感觉。”鲁迅认为，要享喝茶这种清福，首先要有时间，然后要亲力亲为，慢慢培养出喝茶的境界跟品位。当我们亲自动手，从备壶、烧水、置茶、泡茶开始，到啜饮第一口茶时，不但鼻中闻到茶香，嘴里盈满茶香，紧接着茶香还扩散到身体的每个毛孔，那种幸福舒畅的感觉，只能意会不能言传！

市井小民的艺术

幽默大师林语堂说过："中国人是只要有一只壶，到哪里都很快乐的民族。"俗话说开门七件事，柴、米、油、盐、酱、醋、茶，相信不管是茶叶或是茶包，红茶还是绿茶，每户人家里一定都有茶这一样好东西。开门七件事中，"茶"被放在第七，有很多好茶者不服，因为许多茶人的一天就是从早上一杯醒脑茶开始的，其实将茶放在最后，正显示出中国古老的智慧，因为"茶"在日常生活当中，具有扭转乾坤的关键作用。

因为柴、米、油、盐、酱、醋都是为了果腹和维生，可说是物质性、形而下的用品，而"茶"则是将人由"形而下"世界提升到"形而上"世界的转折。虽然茶可以生津止渴，但是喝茶的精神意义远大于物质意义，就像是音乐、文学、绘画、陶艺创作一样，喝茶也是一种艺术，只不过音乐、文学等需要天分，喝茶却是我们市井小民都可以随时拥有的乐趣。喝茶是最平民化的艺术形态，我们通过喝茶提升生活品质，生命仿佛也被赋予了深层的意义，对着这样一个平易近人、通往精神层次的媒介，我们又怎么能不抱着一颗感恩的心呢！

有句美国俚语叫作"Stop and smell the roses"，意思是你必须停下脚步，才闻得到玫瑰的花香，发现你周遭的世界原来是那么美好。"来我家喝杯茶吧"是一种召唤和邀请，请你停下匆匆的脚步，调匀呼吸，静下心来，放大所有感官，徐徐进入心茶相应的世界吧！

澄心净
禅者南明

日日是好日

一切即是，圆满现成

云门宗的开山祖师文偃禅师，与学人曾有以下公案：

示众云："十五日已前不问尔，十五日已后，道将一句来。"

代云："日日是好日。"

有一次云门宗的开山祖师文偃禅师上堂开示时，问大众："十五日以前，不问你们，十五日以后，你们且说出一句来。"初一到十五，十五到初一，月儿圆圆还不是一样吗？云门要硬断成两段，问出个最后一句，让人雾煞煞，搞不清楚要干什么。

大众也不知道要如何应对，就静静地等着。

这时，云门才自己代答说："日日是好日。"确实是好句，日日是好日，何处不是？普天之下，莫非王土，一切即是，用处自然。

云门文偃禅师，开启了中国禅宗的五家七宗之一的"云门宗"，其禅法至简、至密，一决万机，使人无转身的余地。云门化繁为简，常用一字禅镞，破无明的牢笼。

透过茶的心，我们体会了大地的心，
从中体会了大地的性灵。
并因这份体会而升华了我们自己的心，
茶者心之水，饮之畅灵。
只管喝茶，一心喝茶，用心喝妙茶。

第二篇

放松喝茶，用心生活

心茶瑜伽与茶禅一味

喝茶时，我们看到茶气缥缈，缥缈的是烟雾还是你的心呢？喝到茶精神一振，一点心就开了，心一开就会扩大，扩大就变得敏锐而不受外界干扰，这是一种从心里活出来的美。

茶者心之水，饮之畅灵

茶是最敏锐的孩子，也是最睿智的老人，可以跟人做最深层的对话。

茶也是最能吸收大地感觉，展现时空因缘，跟人产生互动的饮品。

维也纳杰出生物学家罗尔·法朗士（Raoul France）指出："植物借着某种方式与外界沟通，就像人类的感官一样，甚至能更加敏锐地观察并记录周遭事态现象。"台湾八七水灾之后所采收的茶，在茶味中蕴含了深深的沧桑与苦难，而世界金融海啸后所采收的茶，则满载了无奈与惆怅的滋味。

透过茶的心，我们体会了大地的心，可说从中体会了大地的性灵，并因这份体会而升华了我们自己的心。

喝茶跟所有的感官紧密相连，尤其是我们的心。

有心喝茶，就可以清净身心，达到心、气、脉、身、境五者的融合。

水是茶的基础，人通过茶跟水产生清净的联结。水也会透过人心转换。

所谓"茶者心之水，饮之畅灵"。人的眼、耳、鼻、舌、身、意六根都会受到茶的影响。

放松五感，放松身心

试着用意念来喝茶看看！想象水是光明的，茶是光明的，喝茶是一个欢喜的聚会。泡茶的主人是佛，饮茶的客人也是佛。主客之间，怀着对水、对茶、对茶器尊重感恩的心情，让水通过手势、身体，以及杯子的接触，进入体内。净水就是净心，喝了清净过的水，身体也随之清净。

以意念喝茶的同时，我们可以练习放松。借由眼睛的放松，舌头的放松，鼻根的放松，耳根的放松，呼吸的放松，身体的放松，达到妙饮甘露、细闻妙香的境界。

眼睛一放松，心就宛如明镜映照万物。眼睛自然能观察到泡茶的完整过程，能清清楚楚看到茶叶是条索状还是球状；冲出来的茶色，是深是浅，是黄、是绿还是红。

舌头一放松，津液自然分泌，甘洌的茶水顺着舌根滑入喉中时，就像顺着心脉，将心灵也抚平了。

鼻根一放松，气味就能更完整地进到体内。我们能闻到比平常更细致的茶香，全身充满茶味。在品茶的过程中，闻香是莫大的享受，茶叶与茶水的芳香能让人精神为之一振，尤其是烫过壶之后，将茶叶置入壶中，轻摇几下后打开壶盖，茶叶的香味在热壶的温度下，释放得更叫人惊奇。

耳根一放松，就可以听到烹茶的水在炉中滚沸，犹如松涛的乐音，以及热水

冲到茶壶里的声音，然后是品茶者轻轻呷饮时的赞叹声。

呼吸一放松，我们就能静下心来，专心欣赏茶色和氤氲缥缈的茶烟，此处是茶气阴阳相聚的地方。

身体一放松，我们跟茶具间不再有距离。手和壶、杯之间，不再是对立的“物”“我”关系，而是完全合为一体。我们不是用“拿”的方式来接触茶具，手执壶、杯时，是完全地贴合，没有一丝对立与紧张。我们感觉到茶具的温润美好，不仅看到茶具中的茶，也让茶看到你，达到身心与宇宙的和谐相应，这也就是心茶相应的“心茶瑜伽”。

茶者心，禅者也是心

我们说茶禅一味、茶禅一如或是茶禅不二，换个说法，也就是心茶瑜伽的意思。瑜伽（Yoga）一词起源于印度，在古圣贤帕坦加利所著的《瑜伽经》中，准确的定义为“对心作用的控制”。瑜伽在印度梵文的含义，乃是“与物相应”的意思。

而所谓的心茶瑜伽或茶禅一味，就是茶与禅相呼应，茶者心，禅者也是心，喝到好茶，品其真味，达到用茶来放松身心，统摄身心，这是一种生命提升的方式，让人跟宇宙相应，天人合一，处处现成。

日本美学大师冈仓天心在《茶之书》里曾经写道："茶有着不可思议的神奇魔力，人们完全被它所吸引、为它深深着迷，甚至将茶予以理想化。……茶不像酒，并没有傲慢、骄矜的性格；它既没有咖啡般过盛的自我意识，也没有可可那般矫揉造作的天真无邪。"他还阐释茶道受到欢迎，是因为茶早已超过饮用功能，而成为探索生命的宗教，并且通过主客的协力配合，使凡夫俗子跳脱尘世，升华到无上幸福的理想境界。

禅宗经常用茶来表现心，不外乎是禅师喜欢以吃茶展现禅境。茶可使人神清气爽，但却不会醉人，自有一种供文人或禅僧品味的风雅。喝茶是心的自在显现，茶跟禅调性一致，用生活中每天都接触到的喝茶琐事来讲禅，会让人更容易进入禅的境界。而坐禅时如果感觉昏沉，喝上一杯茶可收提神清醒之效，茶与禅之互相为用，就更不言可喻了。

茶禅的真意

喝茶时，我们看到茶气缥缈，缥缈的是烟雾还是你的心呢？喝到茶，精神一振，一点心就开了，心一开就会扩大，扩大就变得敏锐而不受外界干扰，达到一种艺术的生命形态，也就是生命美学。这是一种从心里活出来的美，是柔性的力量，深层放松回归能量，我们重新回到仔细品尝、品味的生命层次，扩大感官能力。只要我们存着善心和善念，就能增加幸福的广度和深度。而茶便是这和谐美善的生活

茶瑜伽

美学中，凸显的亮点。

我们在烧水、泡茶、奉茶、品茗的行茶过程中，每一刻都能保持觉知和敏感，抱持感恩的心，那就是“茶禅”的真意。

禅是每一个人的觉性，是一种直指心性、让事物单纯的法门。我们的心结就像是洋葱一层又一层，禅宗的方法不是一层层慢慢剥开，而是拿着刀子“喀嚓”把结斩掉。修行的过程，就像是神偷费尽心思偷到密室的保险箱，将箱子打开的那一刹那，才发现箱子里是空的。

禅宗历来以心传心，不立文字，也就是说禅的实相是不可说的。除了语言文字的教示之外，禅宗的一大特色是以直接的肢体语言来引导或者回答问题。例如当头棒喝使人顿悟，或是对学人的问题默然。这种冷不防指示归处的方法，虽然有唐突奇拔的感觉，却蕴含暗留余地、让弟子亲自去寻找窍门的含蓄寓意。以茶喻禅、以茶解禅，则是中国古代禅师的创举。唐代的赵州禅师曾遍历诸方，是位伟大的禅僧，他在河北省赵县柏林禅寺时曾经留下“吃茶去”的公案。

赵州“吃茶去”的公案

有二位水僧参访赵州，请教佛道。赵州禅师问他们，你们以前曾来过吗？一僧答，不曾到。赵州禅师说：“吃茶去！”另一僧答，曾到。赵州禅师说：“吃茶去！”立在一旁的院主满腹狐疑地问道，怎么来过的跟没来过的都要去吃茶呢？赵州禅师叫院主的名字，院主随即应诺，赵州禅师说：“吃茶去！”

这个禅林称为赵州茶的公案，千载以来，让无数禅人彻底开悟。

一句“吃茶去”，代表着赵州禅师的禅心。所谓的禅心，就是平常心，千言万语，不外乎“吃茶去”，这一句“吃茶去”，也就是从日常的吃茶吃饭中，寻求自觉。所以不管是已经来过的、不曾来过的，或是发问的，都该自己从吃茶中找答案。吃茶去，是平等心，现现成成，一切圆满。超越一切悟与未悟等差别相，大家欢欢喜喜，自自在在，喝一杯好茶。

禅宗有颂云：“春有百花秋有月，夏有凉风冬有雪；若无闲事挂心头，便是人间好时节。”南泉普愿也曾就赵州所问的“如何是道？”答曰：“平常心是道。”道，在自然中；道，亦在生活中。道，无所不在！茶道是禅生活化的表现，也就是“茶”“道”合一，以茶入道，从生活中去体会禅；以道入茶，将禅落实在生活中。

近世佛界名人赵朴初为了这桩禅门公案，特别题诗曰：“七碗受至味，一壶得真趣。空持百千偈，不如吃茶去。”这首诗脍炙人口，也以另一种角度阐释了“吃茶去”的公案。

禅寺中的“礼法之茶”

唐朝因为茶圣陆羽、皎然、卢仝等人提倡喝茶，加上禅宗的盛行，而茶的淡雅素朴又与禅相符，所以整个寺院生活中，几乎有礼仪必有茶，住持也经常出面请大家吃普茶。将茶引入礼俗，待客时甚至有“重茶不重饭”的说法，因此在禅宗丛林寺院里，陆续产生了与茶有关的职司，譬如禅刹中，以僧或行者充当掌茶煎茶的“茶头”。举行茶礼或祖祭进献茶汤时，要鸣的是“茶鼓”，每日供奉在佛祖之前的煎茶，称为“茶汤”，而在禅刹中以茶相款待的礼仪，则称为“茶礼”。

供奉佛、菩萨、祖师时的茶，称为“奠茶”。禅院一年一度的挂单时，要依照“戒腊”的先后年岁喝茶，这道茶称作“戒腊茶”。平素住持请全寺上下僧吃茶，称为“普茶”。吃普茶时，众僧要到禅堂领茶壶和茶盅，茶毕即还。留下“一日不作，一日不食”格言的唐朝百丈禅师，曾在《百丈清规》中，多处述及茶礼应该在何时实行，以及应对进退的礼仪与做法，譬如“斋毕就坐，点茶头首入堂炷香行茶”；“大众就坐，侍者归中问讯揖坐，进中炉上下间至外堂烧香，香合安元处，退身当下问讯。上下间外堂问讯了，归中立，鸣钟二下，行茶遍瓶出。复如前问讯中立，鸣钟一下，收盏。”

这种“礼法之茶”不仅象征寺院的仪规，也是内心的修行。

坐，请坐，请上坐；茶，泡茶，泡好茶

寺院中以茶待客的礼俗，表现为来客必上茶。客有不同的身份，茶也有高下之分。

传说宋朝文学大家苏轼有一次游莫干山，参访一座寺院，住持见他衣着普通，便冷淡地指着木凳说了声“坐”，对小和尚喊了声“茶”。几句寒暄后，住持见苏东坡谈吐不凡，学识渊博，就赶紧起身，将他领进客房，客气地说：“请坐”，同时吆

七碗受至味，一壶得真趣。
空持百千偈，不如吃茶去。
——赵朴初

喝小和尚："泡茶。"接下来，当住持得知眼前之人就是大名鼎鼎的苏东坡时，又起身将苏轼领进方丈精舍，很谦恭地说："请上坐"，并且吩咐小和尚："泡好茶。"苏轼游罢，住持请他留下墨宝。苏东坡一笑，提笔写了一副对联：坐，请坐，请上坐；茶，泡茶，泡好茶。住持一看，不觉脸上火辣辣的。这则传说生动地反映了当时某些寺院中按人的身份以茶相待的习俗，而且根据来客不同的身份，不仅奉茶的等级不同，饮茶的场所也不同。苏东坡妙笔点破了这点，回到了茶禅平等，一切以平常心相待，老赵州吃茶的本来风貌。

茶禅一味

有人说，茶跟东方人的个性一样，代表着谦虚和清净，饮茶需要平定心绪，以求跟外界环境相契融合，达到清净无为的美好境界。这与禅所谓的生命升华与淬炼有着美好的联结，编著有禅门第一书《碧严录》的宋朝高僧圆悟克勤曾经写过一幅"茶禅一味"的墨迹，显现出茶跟禅的不可分离与互相映照。而这种将信仰与生活融合在一起的生命态度，即是一种东方美学。冈仓天心在《茶之书》里也写道："茶的原理并不止于一般的审美主义而已，它与宗教、伦理合而为一，体现了我们对天人合一的见解。"

寺院的礼法之茶，也随着中国的禅东渡，而在镰仓时代传入日本，不久遍及民间，并在室町末期形成茶道。据说最早从中国带回茶种，在日本寺院栽培茶树

云停留，山不动。
云飘走，山不动。

天下无不散的茶宴，人世无常，但连无常都是美的

的是著有《吃茶养生记》的荣西禅师，而将中国沏茶方式带回日本的禅僧，是晚荣西半个世纪的大应国师。

尊崇朴素的草庵茶风

十五世纪时，奈良称名寺的村田珠光，曾参禅于在大德寺挂单的日本禅宗重要人物一休宗纯，也就是传说中非常聪明的一休和尚。珠光在参禅中，将禅法的领悟融入饮茶之中，并从六祖惠能的“菩提本非树，明镜亦非台；本来无一物，何处惹尘埃”这首佛偈中，领悟出“佛法存于茶汤”的道理，因而开创出独特的尊崇自然、尊崇朴素的草庵茶风。

草庵茶风在将军义政的推崇之下，迅速在京都普及。珠光提出“茶禅一味”或“茶禅一如”的概念。他主张茶人要摆脱物欲的纠缠，通过修行来领悟茶道的内在精神。之后，武野绍鸥继承了草庵茶风的茶道，将之发扬光大，而且还把和歌的理论加入茶道，用日本文化中独特的素淡、典雅风格来形塑茶道，使得茶道蕴含了日本的民族精神和趣味。

喝茶无非点茶烧水，饮服耳

武野绍鸥的弟子千利休，则是真正将茶道提升成艺术的高僧。他曾说过：“喝茶无非点茶烧水，饮服耳。”夏天如何使茶室凉爽，冬天如何使茶室温暖，炭要放得适当，利于烧水，茶要点得可口，这就是茶道的秘诀。他不拘泥于公认的名贵茶具，将生活用品随手拈来作为茶道具。千利休常用日本的竹器代替高贵的

金属器皿，几乎每一件他挑选出来的茶器具，不论是农家的水碗也好，裂了的竹子也好，反而都成了后世茶人珍爱的至宝。

千利休还大大简化了茶道的规定动作，将茶道回归到淡泊自然的最初。茶道的“四规七则”就是由他确定下来的。四规是“和”“敬”“清”“寂”。“和”是环境与宾主之间的和谐、和悦、和睦；“敬”是尊敬有礼仪；“清”是纯净、清洁；“寂”是凝神静气。七则是茶要浓淡适宜；添炭煮茶要注意火候；茶水的温度要随天气调适；插花要新鲜；准备时间要早些；不下雨也要准备雨具；要照顾好所有的客人，包括客人的客人。

一朵牵牛花与利休的禅心

利休留下了许多令人玩味的小故事，其一是茶道中所插的花的故事。据说，当时担任大将军丰臣秀吉茶头（茶道师范）的利休，院子里种满了牵牛花，一旦盛开，那真是花团锦簇，美不胜收。秀吉于是命令利休准备茶会，好欣赏花开的景致，不料他到达利休家里时，却发现院子里所有的花都被利休剪掉了。丰臣秀吉大怒，气冲冲地进入茶室兴师问罪。一进茶室，却被眼前的景象震慑住了，原来利休在黯淡的壁灶花瓶里，插了一朵洁白的牵牛花，沾上了露水的牵牛花，生机无限，花的内在生命，得到充分的展现，这就是利休的禅心。

“最后的茶宴”

利休另外一个故事，则是悲壮的“最后的茶宴”。据说丰臣秀吉听了小人的

谗言，说利休调了一杯绿茶，想要毒死秀吉。秀吉本来就对利休的茶名远播又嫉又恨，这下终于找到除掉利休的借口，利休于是自请以武士的方式切腹自杀。

在利休定下自尽之日的那一天，利休邀了几个主要弟子，举行了林中最后的一场茶宴。那一天，不只宾客哀伤，连草木似乎都同悲，树木战栗地晃动着，树叶沙沙作响，仿佛无家可归的亡魂在窃窃私语、低泣。这时，一阵珍奇的薰香飘来，似乎在邀请大家进入茶室，于是弟子一个接着一个进入茶室。火炉上滚沸的壶水，发出秋蝉的悲鸣声。大家就座之后，作为茶主人的利休终于进入茶室，他从容不迫地递茶给客人，宾客也依序啜饮。利休最后才把自己的那碗茶喝掉，并将壁灶上一幅感叹人世无常的书法挂轴和各式茶具，摆在众宾客面前，供宾客欣赏。在宾客赞叹它们的美之后，利休将这些器物一一赠给在座客人，只留下自己那只茶碗，他说，这茶碗已被他这个不幸之人的唇玷污，不应再让任何人使用，然后就把这只茶碗摔得粉碎。仪式结束之后，利休与宾客诀别，只留下一名最亲密的弟子，见证他的最后一刻。他临终时吟唱着："人生七十，力图命拙。吾这宝剑，祖佛共杀。"

武士与茶匠

日本茶禅还有一个很有名的武士与茶匠的故事，话说一位茶道造诣极深的茶匠，跟着主人到江户参拜。当时治安不好，茶匠遵主人命，脱去平日衣裳，携带长刀短剑，扮成武士。有一天，茶匠在户外碰到一个武士混混向他挑衅，逼说要跟他比画两下子，茶匠心虚，忙说："我虽然穿武士衣服，但我并不是武士，只是

区区一名茶匠，我一定不是你的对手，你放过我吧！”武士听了，知道茶匠害怕，更要逼他比剑，不然就交出身上所有财物。茶匠本想拿钱消灾，转念一想，这样会破坏主人的名声和自己的名誉，不如就一死了之吧。但他觉得，这样微不足道地死去太划不来，就想起刚刚在路上经过一家剑道馆，不如去学个几招，求一个体面和庄严的死。

于是他谎称比剑前要先回去复命。武士答应了，茶匠急忙跑到刚才路过的剑道馆，跟剑人求学一个体面的死法。剑人听了后，说：“来我这里的都是想来学如何求胜，你是第一个来学求死的剑法，足下真是个特殊的例外。在教你之前，既然你是茶匠，就请你为我沏壶茶吧！”

茶匠心想，这可能是自己一生中最后一次表演茶道了，便全神贯注地泡茶，仿佛这是自己留在人世唯一的事业，全然忘了即将赴死的事情。他泡茶时那种恬静、庄严的神态，令剑人深为感动。

剑人喝下了他生平喝过最好的一碗茶后，对茶匠说：“你不需要再学体面的死法，以你刚才泡茶的心境，可以胜过任何跟你决战的武士！你去赴武士之约时，要当自己是在进行茶道的准备工作那样全神贯注。你先跟他问候，并道歉来晚了。接着告诉他你已做好比武的准备，然后脱下外衣，整齐地折叠好，再将扇子放在上面。接下来缠上头巾，系上吊衣袖的带子，把裤裙脱掉。最后双手握刀，将之高举过头，摆好准备将对手击倒的姿势，闭上眼睛，屏气凝神，一听到对方的喝声，就用力向他劈去。决斗的胜负此时就可以见分晓了。”茶匠向剑人道谢，出门就往武士的方向奔去。他心里一点也不害怕。

见到武士之后，茶匠谨记剑人的忠告，就好像要沏茶给朋友一样地专注进行每个步骤。当他举刀而立时，那个武士顿时感觉不对劲，原本那个怯弱的茶匠不见了，他仿佛看见了一个全然“无畏”“无我”的勇士。武士看了倒吸了一口气，连连后退，完全不敢吭声，最后不得不扔下刀，跪地求饶。

对禅者来说，超越生死的现观直觉，达到无畏的境界，本来就是平常事，如果能了悟到这个境界，自然一切现成，就可以开创各种奇迹了。

茶禪一味
禪眷南玥

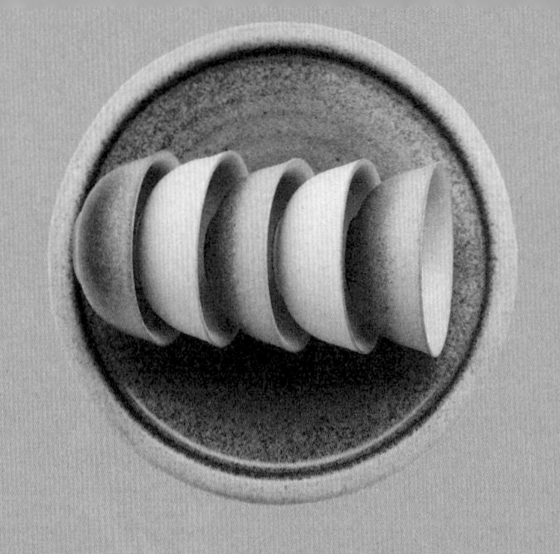

梦幻泡影

比喻事物无常性空，无法执著

在佛经中，经常以各种譬喻来比喻万事万物无常变化，自性为空，无法执著。最广为人知的，就是《金刚经》中的四句偈："一切有为法，如梦幻泡影，如露亦如电，应作如是观。"其中将宇宙万象，以"梦""幻""泡""影""晨露""闪电"来譬喻其无常。

以"梦"譬喻，以梦中事实无所有，在梦中却很真实；以"幻"譬喻，是指像魔法师能做种种幻术变化，声色明白可见，宛若真实。"泡"是指水泡，转眼即逝；"影"是指像影子一样，有光的时候才会显现，是因缘条件聚合所成，不可捉摸；"露"是指朝露，存在短暂，太阳出来就消失了；"电"是指闪电的电光，刹那即消逝。

而《维摩诘经》则是以梦、幻、泡、影等十个譬喻，来比喻人身的空幻无常，是智者所不应执著。

南唐诸主喜欢参访清凉寺，经常避暑其中，他们不只景仰法眼文益禅师道风，也常亲近参谒。有一日，文益与南唐元宗李璟论道之后，共同观赏牡丹花，李璟请禅师作偈。文益就赋了一首诗：

拥毳对芳丛，由来趣不同；
发从今日白，花是去年红。
艳冶随朝露，馨香逐晚风；
何须待零落，然后始知空。

毳是鸟兽的细毛，在古代只有贵族穿得起这样的锦衣。身着豪裘，对着牡丹芳丛吟诗，看来是繁华的六朝金粉了。但是法眼文益禅师，在此不只点出了生命不同的旨趣，也为李璟指出华丽之后的空幻无常。时光如矢，发从今日开始白了，而花却跟去年一样红。艳冶的浓情，随如朝露而逝，馥郁的馨香也逐晚风而飘空，善知者彻见了法界中，无常的实相，何须再等待宛如生命的花艳零落之后，才知道一切皆空呢？李璟顿悟了这个意旨，但事实又能如何？后来的南唐后主李煜，也只能空唱着“四十年来家国，三千里地山河”了，原来一切还是如梦，何时能醒呢？

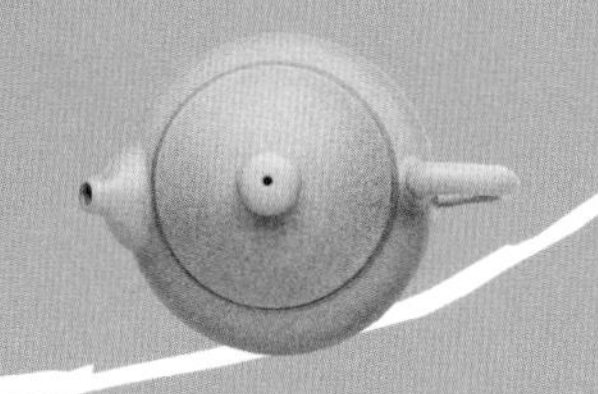

放松的行茶仪式

好了，现在我们可以开始准备泡茶了！
我们张开犹如初生婴儿般的眼睛，
看着清净无垢的茶室和茶具，
对周遭的一切充满了欢喜和感恩。

茶道有多元的解释，可以是泡茶之道，也可以说是茶的道理，更可以说是茶在道路上，台湾路边常有免费的奉茶，就是茶在道路上的最佳示范。试想，一个口渴的路人，在需要的时候喝到奉茶，可能会觉得那是他喝过的最甘甜的一杯茶吧！而台湾人这种在路边奉茶、相处为善的善心，也是一种里仁为美的生活美学。进一步说，如果这样的生活美学能推广到全世界，不是十分圆满吗?

彻底放松身心的一杯茶

既然茶道可以有多元的解释，喝茶的形式就更多种了。不过，面临各种压力的现代人最想要喝的，应该是能让人彻底放松身心的一杯茶吧！

喝茶可以是一种放松而又尽兴的过程，我们要能放松喝茶，才能专注地体会到茶滋味。这事说起来简单，但是很多人紧张多时，早已忘记放松的感觉了。日本茶道建筑之所以分为室内和室外两个空间，也就是茶庭和茶室，用意就是要人先行经茶庭，让自己的心情放空、放松，再进入茶室好好地享受喝茶。茶庭具有隔离茶室跟外界的作用，客人如果从外界纷杂的名利场直接走入茶室，无法很快平复心境，适应茶道的静默。所以，先经过茶庭，让心情慢慢平静，培养进入茶道世界的情绪。

〔1〕禅宗用“露地白牛”一词来形容悟道时见到自性的境界。宋代的大慧宗杲禅师曾说：“无智慧而恋着尘劳之事为乐，不信有出火宅，露地而坐，清净妙乐故也！”火宅的譬喻出自于《法华经》，将世人乐着五欲，不知出离，比喻为幼儿不知住宅失火的险境，依旧贪玩不肯离开。

在茶庭中静心

茶庭又称为露地[1]。这个称呼由千利休首先运用到茶道，利休将茶庭称为露地，意思就是在茶庭中静心，是一个涤荡世俗欲念，露出清净自性的过程。茶庭中不种花，也不供休息、乘凉，单以绿色植物和山石点缀，整体色调与大自然相呼应。茶庭的小路，则是以飞石（山中不加切削的自然石块）铺就，以略有间隔的方式，一块块地铺在地上。这样的飞石路既窄又凹凸不平，所以行踩时要一步一脚印，集中精神，放慢脚步，才能平稳地到达茶室。在这样的一个过程中，自然就有静心的效果。

如果喝茶场所之外没有茶庭，我们也可以运用自己的心念，以放松“良久”的方式，创造出静心的露地。禅宗六祖惠能和惠明的故事，就说明了以无分别心良久安坐，可以达到静心明悟的境界。

静心可明悟

话说，五祖弘忍大师将衣钵传给六祖惠能之后，因为担心六祖被害，教他速向南行。六祖带着衣钵向南行到大庾岭时，有数百人一路追赶，想要来抢他的衣钵。其中有个当过四品将军的僧人惠明一马当先。惠能见惠明逼近，便将衣钵放在石上，然后躲在草丛里。惠明出手想提掇衣钵，没想到无论使出多大力气，都无法拿起来，当下他突然明白了，大呼：“行者！行者！我为法来，不为衣（钵）

一口喝茶
禅骨南玥

来。”且不论惠明刚开始的恶意，此时此刻他已经放下了。惠能这时从藏身处走出来，坐在一块磐石上。惠明向惠能行礼，请他说法。惠能说，你既是为了法而来，请你先静下心，放松下来，不再染着妄念，形成初步的定境。

惠明在六祖的指引下，安坐许久。这一段的静心过程很长，原文用了“良久”二字。接着六祖说：“不思善，不思恶，正与么时，哪个是明上座本来面目？”换句话说，六祖教惠明摒除善恶的对立思维，在这超越思维的当下，回观自性的本来面目。六祖以良久安坐的方式，引导惠明产生刹那定境，然后再予以指示，惠明于言下大悟。

我们如果无法借助茶庭来静心，也可以靠禅修中的放松禅，放松“良久”，自己营造出一个心灵的露地，达到一念不生的境界。

放松就是没有执著

放松原来是人类的本能，婴儿就是处于最放松的状态。但是人长大之后，往往因为外在环境的压力，渐渐丧失了这个本能，而需要用静心的方式来找回。所谓的“放松”就是没有执著，我们身心压力的根本来源有两个，一个是自我执著，另一个则是惯性的力量。自我执著，让我们产生自我保护的本能，当遇到外界压力时，会出于自卫与之对抗，造成我们身心的无形压力。

执著的惯性，也会使我们在受过某种压力之后，若再遇到类似情境时，心理产生防御作用，即使当压力状况解除，我们仍会惯性地保持在当下的压力状态中，造成新的压力，也就是俗语所说的："一朝被蛇咬，十年怕草绳。"所以根本之道在于完全放松，而放松就是没有执著。

一旦不执著，每一天都是新生的一天

一旦我们不执著，生命防卫系统的内在紧张自然消失。每个心念、每个因缘，对我们来说都是全新的体验，每一天对我们来说，都是新生的一天。我们放掉执著，生命彻底地放松，不再受到惯性的制约。我们身体的压力全部消失，像空气一样，像光一样，那么自然和柔软，可以到达宇宙的每一个部分，跟整个大地结合在一起。

当身体达到彻底放松的时候，身体由于气机充满，会像小婴儿一样肤色红润，血液流通顺畅，皮肤饱满，充满弹性，像是吹饱的气球。身体轻灵，姿势健康。

练习禅定中的放松禅，可以唤起被遗忘的放松本能，帮助我们进行身心改造，活化生命力量，让每一天都充满了新的契机。

放下执著才能解脱与自由

一个彻底放下执著与意识最深层惯性的人，才会具备解脱与生命无限的自由。当我们每一个念头都是自由自在，不受其他念头的制约时，就有了所谓般

若的智慧，也就是惠能大师所说的“无念”“念念起不为念念所缚”。这也是《金刚经》中，“应无所住而生其心”的境界。一旦心松开了，身也松开了，智慧也具足了。

现在大家都准备好要放下执著与惯性了吗？有了这一层心理准备，就可以进入放松的境界去享受喝茶了！

让我们进入放松的境界

首先，我们将喝茶的空间整理干净，然后打开窗户，让空气流通，让光线柔和适中。之后，我们邀请所有来喝茶的客人先做做小体操，将头部、双肩、两手、胸腹、背部、腰部、臀部、两腿、两脚的所有关节都动一动，放松筋骨。

我们把身心的浊气完全吐尽，再吸进最光明清净的空气，轻松地站着，两脚与肩平，膝盖微弯，尾闾放下，让自己全身骨头都松开，让躯干的骨节，从头部开始，沿着脊椎骨一节节地放松往下掉。身体也随着向前逐渐弯下。这时，将浊气从鼻子或嘴巴吐出，想象浊气沿着一节节的脊椎骨，完全吐出。当身体弯到底的时候，稍微停顿一下，然后再从脊椎尾端开始，一节节地往上扶直。

睁开犹如初生婴儿般的眼睛，每一天都充满新的契机

在做这个动作时，我们可以想象鼻子正吸入宇宙最光明清净的气息，缓缓进入全身的每一个细胞。我们可以用最放松的姿势，可以坐着也可以站着，把全身的压力放掉。

练习放松全身骨骼

第一阶段，我们来练习全身骨骼的放松。

想象身体像杨柳，像水，像风，像虚空一样轻柔。身体放松后，想象全身骨骼也松开了，骨头像气球，像海绵一样地放松有弹性。全身依序从头骨开始，让脸部骨骼、颈骨、肩膀、两臂、两手、手掌、十指、胸骨、肋骨、肩胛骨、脊椎骨、胯骨、大腿骨、小腿骨、脚掌、十趾，一节节地松开。

练习放松全身皮肤和肌肉

第二阶段，我们来练习全身皮肤和肌肉的放松。

我们依同样的次序，从头部、脸部、颈部、肩膀、两臂、两手、手掌、十指、胸部、腹部、腋下、背部、腰部、臀部、大腿、膝盖、小腿、脚趾练习皮肤和肌肉的放松。

练习放松内部肌肉和五脏六腑

第三阶段，我们来练习内部肌肉和五脏六腑的放松。

首先，我们要练习脑部的放松。从脑髓的中心点开始向外放松，达到全部的脑部，使脑中的压力全部解除，然后是眼球、耳朵、鼻腔、口腔、颈部喉咙，从内而外放松。经过这个阶段的练习，我们的眼睛会变亮，听觉会变得灵敏，嗅觉会更敏锐，触觉更细腻，味觉更有层次，头脑更清晰。

再从肩膀内部肌肉、两臂、两手、手掌、十指内部肌肉、胸腔内部、肺、心、肝、脾、胃、肾等内部肌肉依序放松，然后到臀部、大腿、小腿、脚掌、十趾内部的肌肉全都像海绵般地放松、松开。

想象身体化成水

第四阶段，想象身体化成水。

首先，先想象身体全部细胞逐渐化作白色的雪花，此时全身的器官、内脏也变成一团白色的雪花。想象得越清楚越好。

想象现在是晴空万里，阳光灿烂地照着大地。

在阳光的照耀之下，由白色雪花所构成的身体，开始变得晶莹剔透，逐渐开始融化。渐渐地，我们的头跟身体都化成了水，但是依然保持着身体的形状。

我们想象头皮、脑壳、脑髓完全融化开来，变成清水。从脑的中心点，像水泡一样向外融化，一个小细胞一个小细胞地融开，然后全部融化。全身都化成清净透明的水。

想象身体化成空气

第五阶段，想象身体化成空气。

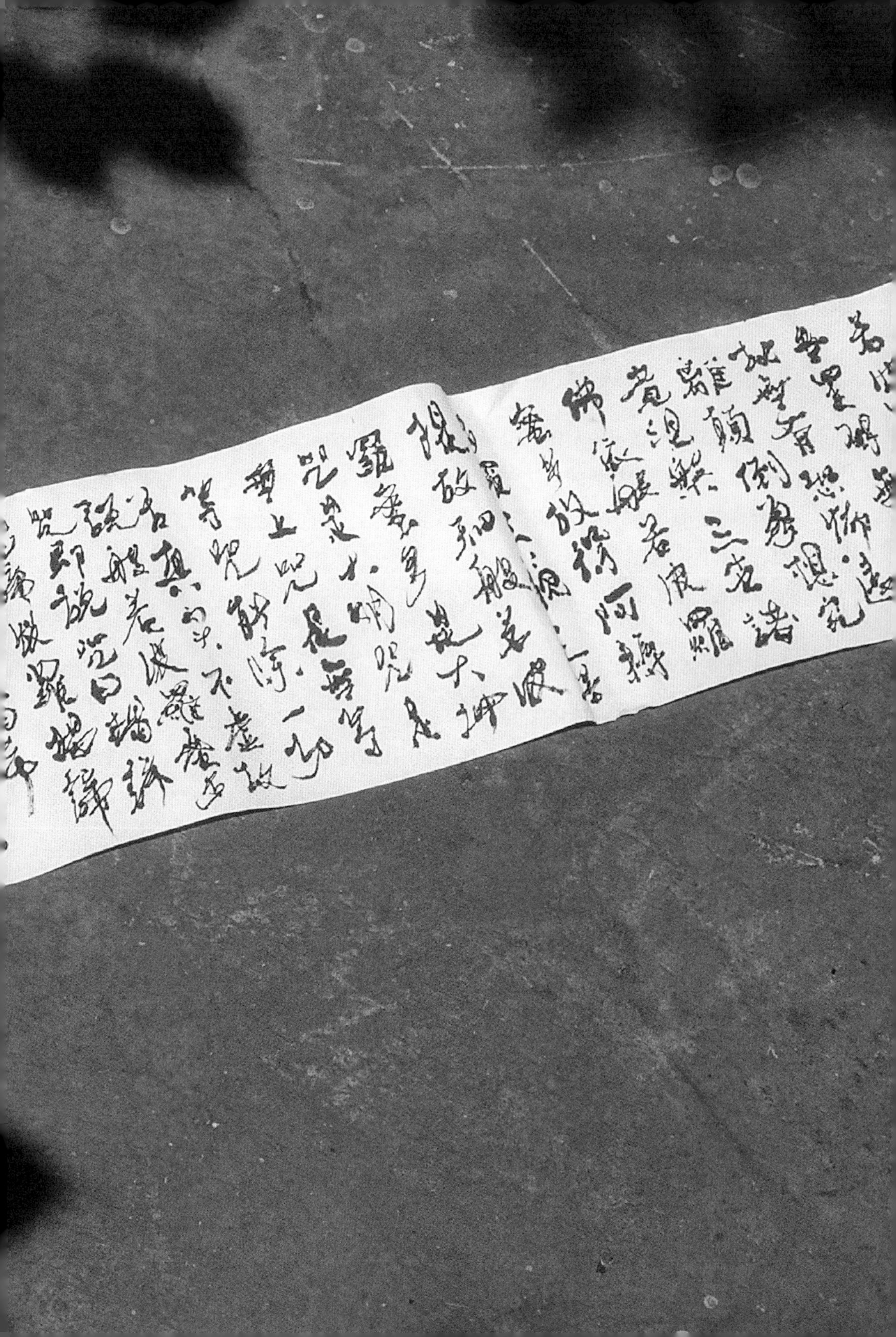

〔1〕手印又称为“印契”（梵文mudrā）。在密宗中，将佛菩萨本尊，依清净的大悲誓愿所成就的身（身体，行为）、语（言语）、意（意念），称为“三密”，相对地，于凡夫杂染的身、语、意，则称为“三业”，而以佛菩萨的三密加持我们的三业，使我们成就和佛菩萨同样的三密境界，名为“三密相应”。
而密法中的手印，则是用手结出和佛菩萨本尊相应的姿势和动作，以此和清净的自性相应。将此运用于茶道，则是具体实践“心茶瑜伽”。

〔2〕这五个行茶的仪轨手印，出自密宗中极为重要的《苏悉地羯罗经》，“苏悉地”为梵文，中文是“妙成就”的意思。笔者将《苏悉地羯罗经》中与水相关的手印，综摄成放松行茶的仪轨，来帮助我们净心、净水、净器。

想象这个化成水的人身，不断地接收太阳照射的能量，慢慢地又蒸发成气体。头发化成空气，跟周遭的空气交流。脑部化成空气，从脑的中心点一个一个细胞向外汽化，像气泡一样，化成空气。从头到脚，全身的五脏六腑、骨骼、肌肉、细胞，全都化成空气。

现在，我们的身体已经化成空气了。

想象身体化成光明

第六阶段，想象身体化成光明。

更进一步，我们要让自己的身体充满宇宙的能量。想象从四面八方的宇宙中，有无限的光明，灌注在我们化成空气的形体上，我们的身体像水晶一样透明、太阳一样光亮、彩虹一样的没有实体，但是却拥有无尽的力量，我们的光充塞在整个宇宙，达至六合八荒，乃至整个法界。

我们不想过去，不想未来，完全进入当下无念的世界。当我们全身放松安住在当下时，就可以开始泡茶、喝茶了。

好了！我们来泡茶吧！我们张开犹如初生婴儿般的眼睛，看着清净无垢的茶室和茶具，对周遭的一切充满了欢喜和感恩。

手印：对茶水和茶器的敬意

“水为茶之母，器为茶之父。”行茶的时候，我们感谢茶，也感谢水跟茶器具。水是茶的基础，人透过茶跟水产生清净的连接，水也会透过人心转换。盛茶的茶器具如果有能量，就更能提升水的品质。而“手印”的概念，能净化水质，透过手印喝茶，代表对茶水和茶器的感恩与敬意。动作即手印，是一种柔软、感恩与感动[1]。

净水即净心，喝了清净过的茶，身体也随之清净。

将手印转印在茶器上，喝茶时更能感受到茶跟禅的关系，提升喝茶的品质，提醒自己用意念来喝茶，以心会茶，借喝茶得到身心的放松与安适。

让水透过手势、身体跟杯子的接触，进入我，透过手印与杯子的接触，感到欢欣吉祥，也代表着对水的感恩与敬意。

净水

我们进入放松行茶的第一个步骤，是“净水”。我们可以比出茶具上的净水手印，伸出手臂回旋一周，做出澄心净水的手势，呼应茶者心水相合的境界[2]。

洒净

接着是“洒净”，也就是所谓的洒净清心，以迎客来。我们要洒扫净席，清净

应无所住而生其心，用心喝茶

水

搅水

净水土等用

场域。我们所摆的茶席就是一个曼荼罗，就是一个禅场。我们要让场域里里外外都清清净净。迎来的客人全都是佛，所以也迎来了全世界的光明。每个人都喝到最清净、最光明的茶。

净水土等用

第三个步骤是“净水土等用”，也就是净器。我们用热水冲洗已经洗净的杯壶等茶器具，让茶器具看起来更完美晶亮，每个杯子都是相和、圆融的。茶壶烫过之后，再将茶叶放下去，摇一摇，茶叶与茶壶变成一家人，打开茶壶盖一闻，茶叶的香味瞬间扩散出来，感受一下绝佳的香味吧！

搅水

第四个步骤是“搅水”，也就是温润泡，将水注入装了茶叶的茶壶中，然后立刻将这一泡的茶水沥出。茶如此风尘仆仆地来到我们家里，我们应该要净域相搅，让水茶相濡，洗掉茶的风尘，换穿净水之衣，再出来与宾主相见欢。

水

最后一个步骤是“水”，也就是所谓的“禅水一味”。普天之下，莫非王土，茶者心水，注水即注心，我们注心泡茶，让心茶合一，达到心茶瑜伽的境界。

喝一杯诚心诚意的放松茶

喝茶时欣赏着这些跟水有关的手势，不仅增添趣味和茶器具的能量，也让我们在观摩手势时，收摄心神，达到更专注喝茶的目的。我们可以依样画葫芦，在行茶的过程中，依序摆出茶具上柔软的手势，达到真善美的境界。这样一杯诚心诚意的放松茶入口，在齿颊留香，喉韵无尽之际，你有没有感觉到十分的幸福呢！

当然，我们在行茶的时候，除了放松和专注在当下，还要多多练习泡茶的基本功，烧水、备茶、温壶、醒茶、温杯、闻香、观茶色等，一样都马虎不得，务必做到自然、顺畅、顺手、优雅，并且要随时清理桌面，同时注意喝茶客人的需求。这就是所谓的心茶瑜伽，当你的心跟茶相应的时候，自然会拥有安详宁静的心理状态，行为举止特别地从容不迫。作为行茶者，还有什么比自在地进行茶事，不着痕迹地泡出好茶，达到宾主尽欢的地步，更让人开心的呢？

云在青天水在瓶

朗州刺史李翱向师玄化屡请不起，乃躬入山谒之。师执经卷不顾。

侍者白曰："太守在此。"翱性褊急，乃言曰："见面不如闻名。"

师呼："太守！"翱应诺，师曰："何得贵耳贱目？"翱拱手谢之。

问曰："如何是道？"师以手指上下，曰："会么？"

翱曰："不会。"

师曰："云在天水在瓶。"翱乃欣惬作礼，而述一偈曰：

练得身形似鹤形　千株松下两函经

我来问道无余说　云在青天水在瓶

朗州的刺史李翱心向往药山禅师的教法，屡请他弘法，但药山禅师并不下山，于是李翱只好自己入山求见了。李翱到时，药山手执经卷，却不管他。尽管侍者禀告："太守在此。"药山还是没反应。太守急了，就说道："见面不如闻名！"这一句话，倒是有效了。

只听药山叫了一声："太守。"

李翱就应了一声："在。"

药山这时才说：“你怎么重视耳朵却看轻眼睛呢？”

李翱这时才体会药山的身教，因此拱手称谢。并问：“如何是道？”

药山先不答话，只是以手指着上下，然后说：“会么？”

李翱有些莫名其妙，只好老实地回答说：“不会。”

药山这时才轻轻地说：“云在天，水在瓶。”

这大好的青山水色，原来都在的。李翱这时才真看到了这山和水，于是欢欣地作礼，并赞述了一偈：

练得身形似鹤形，千株松下两函经；

我来问道无余说，云在青天水在瓶。

药山的法，清清楚楚，明明白白，尽法界都是！这一层秘密，又教谁说得呢？

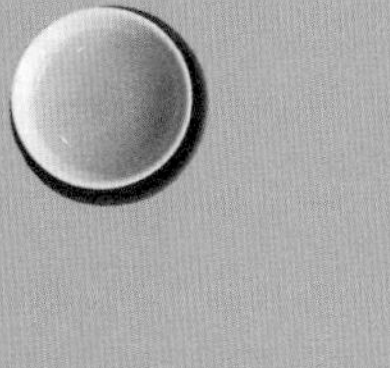

注入滚水时，蜷曲的茶叶展开，释放香气，宛如再次复活。
泡茶就像是一场布施与再生的仪式，
是不生不灭良性的循环。
我们人生的每一幕不就是一会又一会的曼荼罗吗？
欣赏曼荼罗，就是欣赏生命中不同事物每个过程的圆满。
一生一会，珍惜眼前所有绽放的风景。

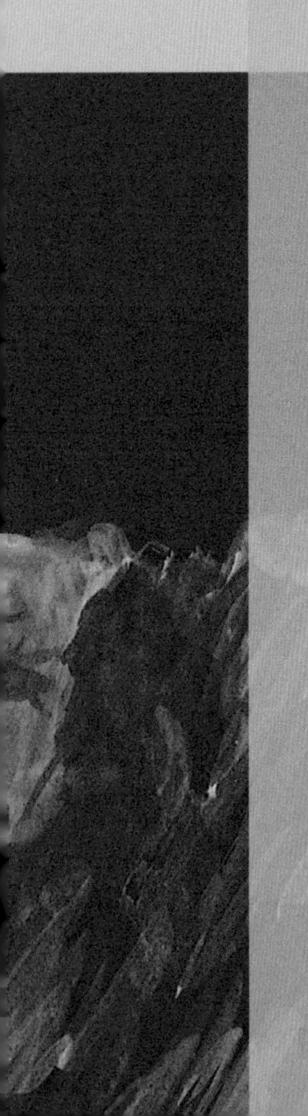

第三篇

欢喜的聚会

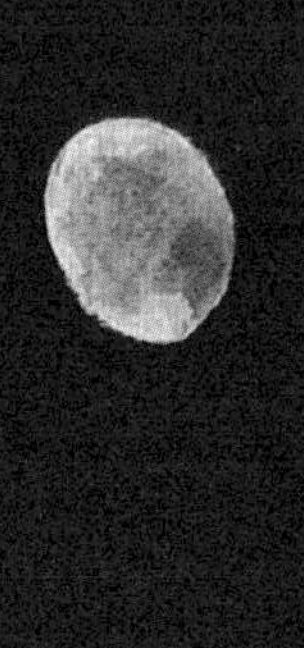

茶的曼荼罗

心茶相应、心茶合一，
因此而能品尝到茶的绝对味道。
心会于茶，
每个人都体会到整个世界是圆满的大曼荼罗。

茶叶历经采收、萎凋、揉捻、烘焙的过程，待注入滚水时，蜷曲的茶叶展开，释放香气，宛如再生。泡茶就像是一场布施与再生的仪式，是不生不灭良性的循环。这样的循环可以用圆轮的图像来象征。自古以来，“圆”一直被认为蕴含着神秘的力量，例如，太阳和月亮可以控制潮汐与生命，而孕育生命的子宫，也是一个圆。圆的观念与感受深植于每一个民族文化的核心。而这个圆如果能超越生灭的对立与意识的分别，其实就是曼荼罗。

曼荼罗象征真理如圆轮一样圆满无缺

曼荼罗（梵名 Mandala），有时又译为“曼拏罗”“曼陀罗”等，意译则是“坛场”“中围”或“坛城”。曼荼罗在语意上，有获得心髓或本质的意思，指的也就是获得无上圆满觉悟之意。曼荼罗也象征着真理如同圆轮一样圆满无缺，因此也有人译为“轮圆具足”。同时曼荼罗也被认为是“证悟的场所”或“道场”之意。因此，聚集佛菩萨的圣像于一坛，或描绘诸尊在一处的形式或图像，都被称为曼荼罗。

在印度，许多人会在家中客厅画一个圆。他们认为，这个圆一画，居住的家就会变成圣地。印度人通过画曼荼罗，将诸圣的清净之土，与日常生活产生联结。换言之，也就是将人生经历整合在圣地里，这是一种增长，也是一种疗愈。

荣格以曼荼罗作为生命自我疗愈的方法

西方的分析心理学派创始人，深层心理学与集体潜意识大师荣格（Carl Gustav Jung）深受东方道家及禅宗思想的影响。他首创以曼荼罗来作为生命自我疗愈的方法。他发现，当人在绘画曼荼罗时，可以整合内在的意识与潜意识，因此他转而将之化为艺术治疗的理论与方法。荣格注意到，在不同文明的民族和原始部落的古代神话、传说和艺术中，不停反复地出现同样的意象，而荣格把这意象称为“曼荼罗”，认为它代表具有普遍一致性的共同心理结构。譬如有一种圆圈中画一双十字的抽象图案，在每一种文化中都曾出现过。在基督教的教堂中，在西藏的寺庙中，都找得到它。它产生于车轮还没出现的年代，因此不可能起源于任何外在世界的经验，它是某种内在经验的象征，荣格视之为典型的“曼荼罗式样”。

荣格是从一次个人经验的体悟中，体会到曼荼罗可用为生命自我疗愈的方

有人将曼荼罗译为「轮圆具足」，
象征真理如同圆轮一样圆满无缺

法的。他在与弗洛伊德因意见相左而分道扬镳之后，大约有六年时间，都处在一种内在天人交战的潜意识激烈冲突心理状态。1918 年，荣格在第一次世界大战时被分派到瑞士战俘营，担任战俘监管上校的职务。那是一份沉闷无聊的行政工作，于是他每天早上都会在日记本上画一幅小小的圆形图案，他发现他在不同的精神状态下，会画出很不一样的圆形图案。

某一天，他收到一封令他火冒三丈的友人来信，隔天他所画的圆形图案内就出现一道裂缝，破坏了图案的对称性。荣格通过这经验发现，他所绘的每个圆形图案，就是在那一特定时刻自己内心本质状态的表现。日后他发现他所绘的圆形图案，与西藏佛教的曼荼罗非常相似。荣格认为创作曼荼罗的过程类似于东方的动态静心（动禅），具有调和创作者内在各种对立冲突的能量、愈合分裂的心灵的功效，可以安定创作者的精神，于是他将曼荼罗的观念导入现代心理学的范畴之内，作为生命自我疗愈的方法。在藏传佛教中，曼荼罗代表宇宙结构图，象征生出而又转趋消灭的人生，是个非常重要、意义深远的象征符号。

茶的一生是六大交互变换的显现

在密宗的宇宙观中，认为地球上万事万物，包括人体自身，都是由地、水、火、风、空、识这“六大”所组成。

而在饮茶的过程中，我们也可以通过对“六大”的观察，了知茶与茶者，

都是宇宙万法实相的显现。在茶与茶者交流的过程之间，处处展现着宇宙六大元素交互的变化。

茶的一生可说是地、水、火、风、空交互变化的显现。茶树生长在大地是“地”；好水才能泡出好茶，茶叶在水中舒展是“水”；要有适当温度的热水才能泡出好茶，袅袅升起的茶烟，这些是“火”的能量展现，茶香在茶人的嗅觉中流动是“风”。而含容这些过程及现象的一切则是“空”。茶与茶人心意的交流，就代表了“识”。喝茶就是地、水、火、风、空、识“六大”相互无碍，相互涉入，融合在一起。我们心识所有的作用都转化为慈悲心，不再是分别心。因此，我们可以说茶与茶者平等无二，都是宇宙万法实相的显现。

心会于茶

所谓的“心茶瑜伽”，就是泡茶人泡出最好的茶，让每位喝茶人品到绝对的茶味，喝茶人也以赞赏感恩的心，回应供养泡茶人，每个人都存着佛心，每个人在此茶曼荼罗中都成为佛。奉茶时，试着观想泡茶主人是佛，饮茶的宾客也是佛，以顺时针的方向来奉茶，象征着从发心、修行、证悟乃至圆满成佛的过程。若是按逆时针方向奉茶，则象征是从已成佛的立场出发，从果位到因位。主人为客人奉茶，正如同佛与佛之间轮流供养，平等无二。在这样奉茶的过程中，饮茶的宾客之间心识互相圆融同化，成为平等无宾主之分的茶会。

心茶相应、心茶合一，因此而能品尝到茶的绝对味道。六大无碍，达到统一圆满，体会身心空而无碍。心会于茶，每个人都体会到整个世界是个圆满的大曼荼罗。

茶的曼荼罗

当我们贪着不舍眼前这杯茶时，如何品尝得到下一杯茶呢？一杯接着一杯的茶，每一杯茶都是独一无二、无法执著的。放松而没有执著，也就是所谓的“不生不灭”，一切都是空的。我们通过喝茶来体悟茶的智慧和空性，也就是通过空性来体悟空性。

曼荼罗有其密宗上特别的解释和定义。简单来说，主要有大曼荼罗、法曼荼罗、三昧耶曼荼罗，及羯摩曼荼罗。用行茶过程来譬喻的话，其实就很容易了解。茶的曼荼罗，首先是茶主人先身心放空、放松，一心专注，这就是茶的法曼荼罗；开始为大家泡茶之前，茶主人祈愿饮茶的宾客都能感受到茶味的美好，从眼前这杯茶有所体悟的心，这就是茶的三昧耶曼荼罗。茶主人安住在以上的心境中，开始煮水、泡茶、闻香、行礼如仪、专注进行每个动作，对饮茶的宾客献上这杯最好的茶，宾客也怀着感谢的心情饮下这杯最好的茶，喝后发出赞叹声和分享感受。这样的互动就是茶的羯摩曼荼罗。

地、水、火、风、空、识六大交互变化，茶的一生亦复如是

人生是一会又一会的曼荼罗

其实我们人生的每一幕，每一个场景，如果将之升华清净，不就是一会又一会的曼荼罗吗？曼荼罗处处呈现在我们的生活里。一处造景、一栋建筑的空间规划、一座殿堂、一张办公桌，都是人们内在曼荼罗的外在显现。我们可以说，一个茶席空间也就是动态的曼荼罗。欣赏曼荼罗，也是欣赏生命中不同事物每个过程的圆满。茶会有所谓的“一期一会”，就是要我们珍惜瞬间，珍惜当下，就当成没有再来一次的机会，全神贯注，全力以赴。

日本茶道有“一期一会”的说法。这是日本茶圣千利休在一次茶会后的感悟，收录在弟子山上宗二的《茶汤者觉悟十体》（一说为是江户时期最大茶人井伊直弼所著的《茶汤一会集》）一书当中。“一期”代表人的一生，“一会”代表仅有一次的相会。换句话说，我们要珍惜身边跟我们一起喝茶的人，谁知道下一刻，这些人又会在哪里呢？既然是人生中仅有的一次相会，为了让主客了无遗憾，我们就必须尽全力，精心准备这个茶会，于是茶会中的花、壁上的挂轴、手中的茶碗，样样都是能让茶人归于沉着、恬静的道具。此时无声胜有声，大家都有最深的体悟，主客融为一体，完成此生最后的一次相会。于是，只不过是一杯茶，大家便能心领神会，就已经是现世中至高无上的幸福。

一生一會

不立文字

不受语言文字的制约，不执著文字相

禅宗以“不立文字，教外别传”来彰显宗法的特质。

在《五灯会元》卷一中说：“世尊云：吾有正法眼藏、涅槃妙心、实相无相微妙法门，不立文字、教外别传，付嘱摩诃迦叶。”当年释迦牟尼佛将禅心法门咐嘱给摩诃迦叶，这个公案被视为禅宗的起源，而其中所说的“不立文字、教外别传”，也成了禅宗教法的特色。

禅宗重视传承，强调以心印心，以心传的方式，直接契悟释迦牟尼佛在菩提树下所自证的境界，因此在“直指人心，见性成佛”的引导方便看来，超越任何语言符号的障碍，让禅者不再受困于语言、文字的限制，就成了禅宗特别的教学方便。

但要特别注意的是，“不立文字”，是要我们不受到语言文字的制约，直接超脱，以心印心，并不是拒绝语言文字。如果误以为“不立文字”是拒绝语言文字，那还是落入对立的两边，著于文字相了。

宋代的圆悟克勤祖师语录中，就曾说明禅宗不立文字的意旨：“祖师西来不立文字，直指人心，见性成佛。只论直指人心，要须是其中人始得，若立语句，以至百千万亿方便，其意只是与人解粘去缚。”禅宗种种的文字语句，用意皆是在帮助学人解除各种生命深层的颠倒妄想，拨乱反正。

无心泡茶　茶味超绝
无意饮茶　茶品至妙
相会无我　茶禅一味
无心自在　妙契如如
饮一盅好茶
当下只是妙喜

第四篇

喝茶解禅

以茶修禅

我们以茶待客，以茶会友，
以茶雅心，以茶修禅。
茶是生活的，也是艺术的，
是物质的，也是精神的。

茶居于开门七件事之末，表示它有一种无用之用，一种形而上的深层意义。而为“水中至清之味”的茶，虽与柴、米、油、盐、酱、醋并列，却自有脱俗之处。我们以茶待客，以茶会友，以茶雅心，以茶修禅，以茶祭祀，以茶为媒，以茶礼佛。茶可说是深入了生活中的每一个层面。宋人杜小山的“寒夜客来茶当酒，竹炉汤沸火初红。寻常一样窗前月，才有梅花便不同”这首诗，将茶提升到了一种既含蓄又深情的境界，试想，“以茶当酒”是何其清雅脱俗的一件事啊！茶是生活的，也是艺术的；是物质的，也是精神的。

茶禅密不可分

茶和禅的关系密不可分。茶圣陆羽，就是在禅寺成长而写下《茶经》，开拓出了茶艺的新境界。达摩有所谓的“借教悟宗”，也就是借由外在的教诲而通达真谛。禅宗更是善用“茶”这个生活中亲切的事体，来帮助参禅的学人，安心修道，悟入实相。

从实用的观点来看，饮茶能提神醒脑、生津止渴，消除疲劳，能帮助学人坐禅时驱除睡意，精进修道。除了最为人熟知的赵州“吃茶去”的公案之外，禅宗还有许多与茶有关的公案。

约与千利休同时的日本僧人兰叔，曾著有《酒茶论》，其中提到禅宗与茶相关的公案：“七佛师文殊大士于五台山与无著吃茶，赵师吃茶保七百甲子，风穴赏茶匡三巡礼度，沩山摘茶知体用，香严点茶原好梦，南泉同鲁祖、归宗、杉山吃茶，洞山为雪峰、岩头、钦山行茶，夹山篮中之一瓯，投子饭后三碗。”其中列举了禅宗祖师文喜无著、赵州从谂、风穴延沼禅师，沩山、香严、南泉、洞山、投子和尚等人，以茶教化学人的公案。

吃茶、珍重、歇

五代的百丈常和尚在法眼文益门下悟道，后来开示大众：“百丈有三诀：吃茶、珍重、歇。拟议更思量，知君犹未彻。”

有僧问如宝禅师：“如何是和尚家风？”师曰：“饭后三碗茶。”

对禅门而言，饭后饮茶不只是自然展现禅者境界的平实家风，它已经成为日常生活中的一部分了。因此，茶就成了借教悟宗的最好媒介。

禅宗重要的丛林团体修行规约《百丈清规》中，记载着禅寺中专门负责在佛前供茶，为僧众、来客供茶的“茶头”一职。在丛林禅寺，新住持、新首座

上任要举行茶礼，和尚迁化挂遗像时，也要献茶。由此可见茶和禅林生活的密切关系。

也正因为如此，中国许多著名的禅寺，都有名闻遐迩的茶。如唐代湖州（今浙江吴兴）的山桑、儒师二寺，凤亭山的飞云、曲水两寺，钱塘（今浙江杭州）的天竺、灵隐二寺，都出产茶叶。

喝茶解禅去

禅宗在中国弘传始于菩提达摩。中国的禅宗在吸收印度佛教的精华之后，融合了中华本土的传统文化，加注了中国禅宗祖师的智慧，创造出具有本土文化特色的修证体系。这个传统在不断发展的过程中，被中国禅宗祖师进一步发扬光大，使得禅宗迅速成为中国佛教的主流力量。

这样的转折在六祖惠能大师时臻至成熟，他所力倡的“直指人心，见性成佛”顿悟法门，也成了中国禅宗最大的特色。因此，六祖惠能大师，不只是南宗禅的开祖，也可说是中华禅的真正建立者。

六祖的顿悟法门，以“无念”为核心，无念是心性完全的解脱自在，是念念起而不被念念所缚，自心跳脱出一切生命的缠缚、困局，开创新局。中国历代禅宗祖师，也传承了这个心要，以种种方便，拨除学人的颠倒妄想，契入实相。

以下列举几则公案，与大家共饮禅宗祖师的智慧心茶，喝茶解禅。

磨砖头做镜子

有唐怀让禅师，结庵于思之故基，有道一和尚坐禅于侧久之。让往以砖磨而激之。一谓让曰："磨砖何用？"

曰："为镜。"

一曰："砖如何得作镜？"

让曰："砖既不能作镜，坐禅如何成道？"

一异之曰："毕竟如何即是？"

让曰："谓如乘车者，车既不行，鞭车则是？鞭牛则是？"

一决然开悟。

早年马祖道一禅师在南岳衡山修习禅定，结庵而住，整日坐禅。六祖惠能大师的弟子南岳怀让大师，当时正住在南岳般若寺，见道一的气宇十分不凡，就想度化他。

当马祖坐禅之时，怀让就问他："大德坐禅图个什么？"

马祖回答："图个坐佛。"

于是怀让大师就拿起一块砖头，在庵前的石上磨了起来。

这个奇怪的动作，竟搅动了道一的坐禅心，不禁狐疑，这个老和尚到底在做什么？

于是就问道："请问师父，你在做什么呢？"

怀让说："我要把砖头磨成镜子。"

怀让磨砖，马祖坐禅，都是把事情断成了两截，在此以断破断，乃成断断，断断之处，方得平平一味。

道一笑着说："磨砖头哪能磨成镜子呢？"不禁怀疑这老和尚是不是脑袋瓜有问题。

怀让也反问道一："既然磨砖不能磨成镜子，那坐禅岂能成佛呢？"

这让马祖反观自照，突然清醒，便反问："那该当如何？"

怀让此时直接指示其心，让他没有任何推托之处，怀让说："宛如牛驾车，车如果不行，是打车还是打牛？"这时马祖方得一些妙处，证入平等一味之中。这平等一味，却是大作用的前行，平平实实平等一味，安住着、却等待着因缘激发，大作妙用。

思量个不思量底

澧州药山惟俨禅师坐次。

有僧问："兀兀地思量什么？"

师曰："思量个不思量底。"

曰："不思量底如何思量？"

茶道禪心

师曰："非思量。"

有一次，药山坐着。一个僧人问他："兀兀地思量什么？"这僧人看到别人坐着，就以为人家是在勤勉不息努力地思考。

药山倒是好脾气，回答他说："思量个不思量。"这也太奇，如何去思量着不思量呢？

这个僧人于是满怀疑惑地问道："不思量底如何思量呢？"

"非思量。"药山如此回答。药山也爱捉弄人，他大可在这僧人一开始发问时，就告诉他说"不要乱猜，我没有在思量"就好了。结果却绕了一大圈，才告诉他一开始的答案。但其实，这上面的对话十分重要，影响后世禅宗深远，许多禅者每天都坐在那里"思量个不思量底"，十分有趣。

佛是谁家的烦恼?

众请住赵州观音。上堂示众："云如明珠在掌，胡来胡现汉来汉现。老僧把一枝草为丈六金身用，把丈六金身为一枝草用。佛是烦恼，烦恼是佛。"

时有僧问："未审佛是谁家烦恼？"

师云："与一切人烦恼。"

僧云："如何免得？"

师云："用免作么？"

赵州禅师的禅，迅捷机利，多是从自性中，全称而出。

有一天，他上堂说："宛如明珠在掌，胡来则胡现，汉来则汉现。老僧把一枝草作为丈六金身用，或是把丈六金身作为一枝草用。而佛是烦恼，烦恼是佛。"

这几句话也不知在说些什么。原来，赵州首先是说他手上有一颗明珠，结果有个胡人跑过来，明珠就现出胡人的模样，汉人一来，又现出汉人的模样，但这颗明珠却是体性不变。

接着他又说他很厉害，能够将一枝草当成佛陀的丈六金身来用，也可以将佛的丈六金身拿来当成一枝草用。但其实每个人都是一样的，只是他会，别人不会而已，为什么那么得意呢？最后他劝诫我们，不要让佛给骗了，因为佛是烦恼，烦恼就是佛。

赵州讲了这话，台下顿时一阵骚动。有个僧人鼓起勇气举手问道："不知佛是谁家的烦恼？"

这个僧人有反应，让从谂喜出望外，就跟他讲了实话："佛给一切人烦恼。"给一切人烦恼，这个问题可大了，怎么办呢？

这个僧人紧锁着眉头，恨不得把烦恼一举除灭，便又问："如何才能够免除这个烦恼呢？"

现在反倒是赵州觉得奇怪了，他说："要免除做什么呢？"

烦恼不就是要免除的吗？怎么却说要免除做什么？

看来赵州爱说笑，我们则是爱听笑，佛则在旁边微微笑呢！

无心泡茶　茶味超绝

无意饮茶　茶品至妙

相会无我　茶禅一味

无心自在　妙契如如

饮一盅好茶

当下只是妙喜

善哉！妙哉！

這杯茶有禪味

茶既古代又未来，有灵性也有个性，些微元素改变，都会改变一泡茶的风味。运用之妙，存乎一心，这就是茶禅道的精髓。

泡好茶，吃茶去

茶既古代又未来，有灵性也有个性。它最绝妙之处就是能跟人、水、周遭，还有茶器具之间产生微妙互动。只要有些微的元素改变，就会改变一泡茶的滋味，甚至连气压改变，也会影响一泡茶的风味。因此即使有了一钵好茶叶，还要有天时、地利、人和才能泡出茶的真滋味，所谓“运用之妙存乎一心”，这就是禅茶道的精髓。

选好茶

泡好茶的第一个要诀，是选好茶，用好水。什么是好茶？梁实秋说得实在：“但论品位，不问价钱。”价格并不是选茶时的唯一考量，更重要的是品质和口感。买茶时，大家心里各有一把尺，有人喜爱包种和乌龙的清香，有人追求铁观音和普洱的浓酽，还有人沉醉红茶的鲜浓。不过，喝茶之人最终的目的都希望入口香醇，若饮后能让人齿颊生津，或是有回甘和喉韵则更佳。

选茶的时候，我们可以注意四个要点。首先是观形，也就是观看茶叶干燥程

度。如果茶叶已受潮变软，很容易冲泡后喝起来口感差，茶香淡薄。冲泡后，如果一心二叶的茶叶伸展开来，叶形是完整的，就表示是人工采收，人工采收较能保留完整的茶叶。如以机械采茶，会使茶叶叶面破裂损坏，冲泡后的茶汤就会显得苦涩。

第二个要点是闻香。开罐选茶时可抓取少量茶叶放置在掌心，细闻茶香，以挑选喜爱的茶叶香味。

第三个要点为观色与品茶。茶汤的颜色会随着加工过程的不同而有差异，但它的色泽以清澈具亮度为佳，如混浊呈暗色，品质就较差。另外，品茶汤时，如果没有苦涩味，喉韵绵长，有生津止渴的效果，就是好茶。

第四个要点为观叶底。冲泡过，舒展开来的茶叶称为叶底。如茶叶冲泡后，叶底很快展开，表示茶青大多是老叶，不够结实，泡出来的茶汤味道平淡，且不耐冲泡。反之，冲泡数次后才逐渐展开的叶底，显示茶青是嫩叶，而且是以较好的制造技术加工。这样泡出来的茶汤味道浓郁，可多次回冲。

用好水

一般人都是用自来水来泡茶，但是自来水中含有消毒用的氯气，会让泡出来的茶汤逊色，所以讲究一点的是直接去山上接取山泉水。如果家里装有净水器，或是先把自来水放置在能去除杂质的陶瓷容器里，沉淀一天左右，那时再用来烧水泡茶，效果就不输山泉水了。

好茶器

古人有云："器为茶之父，水为茶之母。"所谓的工欲善其事，必先利其器，水质固然重要，但是茶器也一样不容马虎。

既然苏轼也说"从来佳茗似佳人"，那就表示一杯好茶就像是一位婷婷袅袅的美女，需要经过精心的烘托，即使是西施，整天粗布葛衣、蓬头垢面，也难保不会从美女变成无盐；茶亦然，若以伧俗不文、无法让茶汤发挥的茶器，轻率随便地冲泡，会坏了茶汤的滋味，减了喝茶的雅兴。茶与器的搭配是门学问。用错了茶器会辜负好茶，无法逼出好茶的香、甘、醇、活、甜的真味。

富翁与乞丐

清末民初的作家喻血轮在《绮情楼杂记》中记载了一个富翁与乞丐的故事，说的是福建有个喝茶成癖的富翁，有一天门前来了个乞丐。这乞丐倚在门上对富翁说："听说您家的茶特别好，可否赏我一杯？"刚开始，富翁有些藐视他，反问道："你懂茶吗？"

那乞丐就说自己原本也是个富翁，只因爱喝茶喝到破产，才落到要饭的地步。同是爱茶人的富翁听了，顿时萌生同情心，便叫人将茶捧了出来，乞丐喝了后，喃喃地说，茶不错，但是还不到醇厚的地步，因为茶壶太新。语毕便将自己以前用的茶壶拿出来。这茶壶他天天都带在身边，即使落得饥寒交迫的地步也舍不得卖。

烹茶的水在炉中滚沸，山涧的水在天地间流动

乞丐的壶果然不同凡响，造型精绝，打开壶盖，香味清洌，用来煮茶，味异寻常。富翁便说要买，乞丐这时说了：“我可不能全卖给你，这把壶，价值三千金，我卖给你半把壶，一千五百金，用来安顿家小，另外半把壶我与你共用，如何？”富翁立刻点头，那乞丐拿了钱，将家里安顿好，之后每天都到富翁家，拿这把壶跟富翁烹茶对坐，犹如朋友一般。

以器引茶

这个故事说明了茶与器的亲密关系。并不是有好水就能喝到好茶，好茶好水还要配好壶，更确切的说法是，好茶一定要搭配最恰当、最能引出茶性的茶器，才能让茶本身发挥得淋漓尽致，也就是所谓的“以器引茶”。除了壶的新旧跟发茶性有关之外，不同发酵程度的茶叶，也该选用不同材质的茶器来冲泡，才能达到最良性的互动。这道理就和做菜一样，譬如说炖砂锅狮子头、砂锅鱼头要用砂锅，炒青菜要用铁锅，如果反其道而行，岂不是煞风景了。

而茶器具的材质依密度也有高低之分。如果所泡之茶，在表现上是属于清扬且高香气的，如包种、龙井、碧螺春，就可选用密度高的瓷壶来泡。瓷的材质细致，传热快，与轻发酵茶的高香气感觉一致。如果所泡之茶是属于比较低沉的、发酵程度高的，如中发酵的乌龙和重发酵的铁观音、红茶、普洱等，就可以用密度较低的陶壶来泡，陶的性质粗犷而低沉，传热较慢，既不夺香，又可以蕴蓄茶韵，使得茶汤香味醇和，能保茶色和香味的真髓。

茶之道场

茶 量

有了好茶、好水和好器，接下来就要考虑置茶量、水温和浸泡时间了。置茶量要根据茶壶容量及茶的紧实度来判断。如果茶叶的形状较松，置茶的量要多； 茶叶若紧实，置入的量就少一些。如果是泡球状的乌龙茶或是绿茶，茶叶以占茶壶四分之一或五分之一为标准。如果是龙井或是针状的功夫红茶，置茶量就该更少一点。至于非常蓬松的茶，如岩茶、白毫乌龙，就应该放到六七分满。要留意的是，如果置入的茶量太多，冲泡后的茶叶会没有足够的舒展空间，壶盖无法盖上，茶叶无法释放出该有的特色，茶汤也无法完美呈现。所以一般茶量的控制以泡开后，占茶壶的九分满为宜。

水 温

泡茶的水温要依所泡茶叶的嫩度来调整，好比绿茶是不发酵茶，茶叶非常嫩，富含维生素 C，如果以 100℃的水温来冲泡，就会破坏维生素 C。此外，绿茶的单宁酸相当丰富，如以高温冲泡，就会泡出苦涩味，遮掩了绿茶原有的甘甜之味。

以 80℃以下的水来冲泡绿茶，能减少茶释出的咖啡因，提高氨基酸，让茶的甜度增加。越好的茶，香气越清扬，喝在嘴里有果胶黏性，口感饱和，犹如清代文人袁枚所说的，喝茶有咀嚼感。

基本上，茶色越绿，冲泡的温度越低。为了取得适当的水温，我们可以把煮沸的水放凉一点再来泡茶。沸腾的热水适合冲泡普洱、全发酵的红茶，或陈年老茶；水温降至 90℃左右时，适合冲泡重发酵的乌龙茶以及铁观音；降至摄氏 80℃左右时，适合冲泡轻发酵的茶叶，如包种茶；降为 75℃左右时，则适合冲泡不发酵的绿茶类。刚开始学茶时，可以购买一支温度计来测水温。

浸泡时间

至于浸泡的时间，一般来说第一泡在五十秒到一分钟，之后每泡再增加十秒到十五秒。至于每壶茶冲泡的次数，则视茶叶品质而定，好的茶叶一般可以冲泡六七回。不过，泡茶时频频看表计时，容易让人紧张。对于时间的掌握，要凭感觉，可说是一门慢慢锻炼出来的功夫。

这种小茶壶功夫茶泡茶法的茶具组合，包括茶盘、茶壶、茶承、茶海各一个，闻香杯、品茗杯、茶托数个，其他还有煮水器、茶巾、茶则、茶匙、茶扒、茶罐、水方等。

在正式进入泡茶阶段之前，还有两个很重要的步骤，就是所谓的温杯、温壶和温润泡。温壶的方式是将茶壶由内而外以热水冲淋，这个步骤又叫作“贵妃淋浴”，可以提高茶壶的温度，缩短茶叶的浸泡时间，让茶香快速传递。浸泡时间一缩短，就不容易泡出有苦涩味的茶。接着再将温壶的水倒入闻香杯，再倒入品茗杯，用意也是提高杯子的温度，以免破坏茶汤的表现。

温润泡

温润泡是将热水冲入放置茶叶的茶壶，接着在壶盖上浇淋热水，以保持壶内外温度相当，然后将茶壶轻轻地左右靠一下，为的是唤醒茶叶，让茶叶伸展。温润泡跟一般行茶的过程一样，先把茶汤倒入茶海中，再分到茶杯里。唯一不同的是，这泡茶只冲不喝，这么做除了洗茶，并提高茶杯茶壶温度之外，还有一个用意是要茶叶伸伸懒腰，好舒展开来。温润泡要快冲快倒，在十五秒之内将茶汤倒入茶海、茶杯内，茶叶经过这道舒展过程后，更有助于快速释放第一泡茶的香气。若是特别喜欢茶初泡时的清香滋味，温润泡的茶汤喝下也无妨。

关公巡城与韩信点兵

分茶入杯时，可先倒入茶海，再倒入闻香杯，或是直接由茶壶倒入闻香杯。由茶壶直接倒入闻香杯时，还可以玩一个小游戏。茶主人先把茶杯整齐靠拢，然后以循环打圈的方式倒茶，令每个茶杯都平均注满，这个步骤叫作“关公巡城”。

之后壶内残存的茶汤每滴洒出时，也要平均滴下，让每杯的茶色和茶味浓度相同，这叫“韩信点兵”。倒茶的时候要沉壶提手，也就是说茶壶要自然低垂，手腕提高而手肘沉下，动作以自然顺畅为上。

功夫茶沏茶的口诀是“烫杯热罐，高冲低筛，刮沫淋盖，关公巡城，韩信点兵”，说的就是先用沸水冲泡茶具，然后在壶里装上七八成茶叶。接着将开水高冲入壶内，壶口浮现一层泡沫，用手捏壶盖一刮，泡沫全沾在盖上，又不沾半点茶末。之后再进行关公巡城和韩信点兵的步骤。

奉茶时，从离主人最远的客人开始，主人将闻香杯与品茗杯一起送到客人面前，客人自行将闻香杯的茶汤倒入品茗杯，然后闻杯底的茶香，之后再拿起品茗杯品饮。一杯茶可以分三次入口。第一口先啜饮，一来避免烫口，二来浅尝茶汤是否甘润；第二口小口地喝，不要立刻入喉，让茶汤在口中稍做停留；第三口则将品茗杯中的茶一饮而尽，体会喉韵。

如人饮水，冷暖自知

比喻悟道境界自身了知，难以言说

在《六祖坛经》中记载：

(惠明) 复问云："上来密语密意外，还更有密意否？"

惠能云："与汝说者，即非密也。汝若返照，密在汝边。"

曰："惠明虽在黄梅，实未省自己面目。今蒙指示，如人饮水，冷暖自知。今行者即惠明师也！"

惠明悟道之后，还有疑惑："除了以上的密语、密意之外，是否还有其他更深奥的密意呢？"

惠能回答："告诉你了就不是秘密，你如果返观自心，秘密就在你心中。"

各位，密意是不是就在我们心中呢？从来也没有离开过！

至此，惠明感叹道："我虽然在黄梅五祖门下参学，实际上却未见到自己本来面目。如今蒙尊者指示，如人饮水，冷暖自知。如今行者即是惠明的老师了！"

这里用喝水来比喻悟道的境界。悟道就像喝水一样，个中滋味，对没喝过水的人而言，再怎么描述，也是无法表达的，只有亲自喝了，才能了知。

茶知识

《茶经》说：「茶者，南方之嘉木也。」《尔雅注》中写着：「早取为茶，晚取为茗。」苏东坡也说：「从来佳茗似佳人。」所有美好事物都可以令人联想到茶……

几乎所有美好事物都可以令人联想到茶。爱茶的苏东坡说“从来佳茗似佳人”，将好茶跟美女画上了等号，而台湾的白毫乌龙有个浪漫的名字叫“东方美人茶”。王旭烽的茶小说《南方有嘉木》，干脆就把里面一个我见犹怜的女孩唤作“小茶”。

茶者，南方之嘉木也

更有甚者，比如道家的传说里有常喝苦茶可轻身换骨、羽化登仙的说法；著有《吃茶养生记》的日本临济宗祖师荣西，也开宗明义地写道：“茶也，养生之仙药也，延龄之妙术也。”有一次，苏东坡病中到杭州西湖兜了一个大圈子，每到一座寺庙就进去喝一碗茶，兜完圈子，病也好了。他在兴头上写了“何须魏帝一丸药，且尽卢仝七碗茶”的诗句，让人传诵至今。

茶兴于唐而盛于宋，经过数千年的淬炼，形成了可以兴、可以观、可以群、可以怨的独特文化。唐朝茶圣陆羽的《茶经》，是人类懂得喝茶以来，第一本茶

的专书。《茶经·一之源》里记载着："茶者，南方之嘉木也。""其字，或从草，或从木，或草木并。""其名，一曰茶，二曰槚，三曰蔎，四曰茗，五曰荈。"又说："茶之为用，味至寒，为饮，最宜精行俭德之人。"

其实早在《诗经·谷风》里，就有"谁谓荼苦，其甘如荠"之句，这个"荼"字，就是茶的古字，不过学者多半认为这里的"荼"指的是苦菜，而不是茶；"荼"在古代是个多义词，并不专指茶。苏恭的《唐本草》里首见茶字出现。陆羽的《茶经》面市之后，才把具有茶含意的"荼"字去掉一横，成为茶字。

茶树与茶叶的分类

茶树在植物分类学上，是山茶科，茶属，拉丁的种名为 Camellia sinensis，为常绿灌木，叶光滑，末端尖锐，边缘锯齿，富含单宁；花单生，白色。据记载，全世界山茶科植物共有 23 属，380 余种，在中国的土地上就有 15 属，260 多种，大都集中在黄海以南地区。台湾南投埔里海拔 700 米到 1400 米的眉原山中，也有野生茶树存在。中国可以说是茶的原乡。

自古以来，茶叶就依不同的形状、色泽、制法和产期而有不同的分类。最早的分类是晋朝郭璞在《尔雅注》里所写的："早取为茶，晚取为茗。"历经唐、宋、元等时代的推移，茶又分成了砖茶、团茶、饼茶、片茶、散茶、末茶等等。到了明朝，乃至清朝，各类制茶技术均已甚为发达，分类系统更明确。到了近

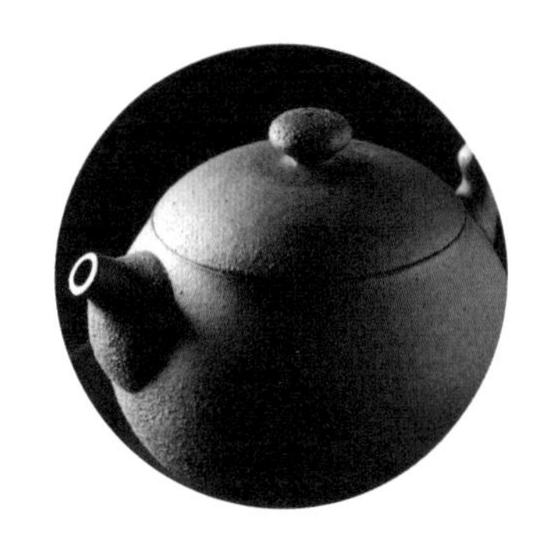

代，又有依发酵程度、茶形、季节和烘焙程度来分别茶。

制茶一般需要经过采摘、萎凋、做青、杀青、揉捻、干燥、烘焙等过程。其中作青的作用就在于让鲜叶互相摩擦，破坏部分叶缘细胞，让空气进入茶肉组织，加速发酵作用的进行，产生一定的颜色与香味，并且借由控制发酵的程度，呈现不同的色香味。

依发酵程度

茶依据发酵程度不同，可以分成不发酵茶、半发酵茶、全发酵茶和后发酵茶。不发酵的茶叫作绿茶，如碧螺春、龙井、珠茶、眉茶、煎茶等。半发酵茶叫作青茶，如包种、乌龙茶、铁观音等。全发酵的茶则包括了各种红茶，至于普洱茶则是所谓的后发酵茶。有人说绿茶香气清扬，犹如含苞待放的少女；青茶风华绝代，犹如妩媚的窈窕淑女；不愠不火的红茶则像笑看人生百态的熟女。

依烘焙程度

依烘焙程度来分的话，茶有生茶与熟茶。熟茶又依火候之轻重，分为轻火茶、中火茶与重火茶。如果你想喝清香的口味，就要挑轻火，口味重就要挑中火或是重火。烘焙可以降低茶叶内的水分，去除杂质，改变茶的品质，增加茶的甜味。通常在茶山制好、经过初次烘焙的粗制茶，到了茶商手中，会经过二度烘焙，来管控茶叶的品质与口味。许多人喜欢向特定的茶行买茶，就是因为喝惯茶行的独特口味。师傅焙茶的技术是每家茶行的独门秘笈，也是维持茶叶品质稳定度的要素。茶会因为每一季气候和温度的不同，呈现不同的风味，这时就要靠师傅的焙茶技术来微调。至于存放不当的陈茶，也可以靠焙茶而起死回生。

依茶类形状

各种茶类因为制造揉捻及采摘部位的不同，而有不同的外观，常见的有条形、半球形、球形、扁茶、碎形茶等。

依采摘季节

若以季节来分，一棵茶树有特定的采摘期。一般茶园依四季来分的话，一年可采四至五次茶叶。台湾因为气候适宜种茶，少部分地区如台湾中南部中低海拔地区的名间、竹山、鹿野等茶区一年可采收六次。这些地方因为气候够温暖，采收完冬茶后，茶树上还是不断冒出新芽，因此在冬至到立春之间，还可以再采一次茶，这时采收的茶就叫作“冬片”。冬片茶芽叶较小，一般萌芽到二三叶就停止生长，芽叶肥厚，累积的氨基酸和碳水化合物含量高，甘甜耐泡，被茶人视为极品。由于产量少，价钱当然也高。台湾以春茶和冬茶两季的茶最优，而夏、秋两季次之。以前在中国大陆买茶，常会看到茶庄里的招牌写着“三前摘翠”，这“三前”就是指的春分前、清明前和谷雨前，大概是三月中旬到四月中旬之间，这时采的茶都是茶树的嫩芽。茶农有句挂在嘴边的话说“早采三天是个宝，迟采三天变成草”，指的就是采嫩叶的重要性。

中国六大茶系

除了依上述四种分类法，中国大陆有所谓的“六大茶系”，分别是绿茶、红茶、青茶、白茶、黄茶和黑茶。

绿茶

绿茶是所有茶中，历史最悠久的，为不发酵茶，特色是清汤绿叶，名茶有龙井、碧螺春、黄山毛峰、太平猴魁等。绿茶的名茶多，较为名贵，而且需要有深厚的文化修养和品味能力，因此喝绿茶的文人特别多。中国大陆的茶人开玩笑地把喝绿茶的称为“绿茶阶级”，表示有一定的财富和文化地位。

红茶

红茶是全发酵茶，干茶的色泽乌褐，冲泡之后茶汤和叶底都呈红色。名茶有祁门红茶、滇红、正山小种，以及台湾的鹤冈红茶、日月潭红茶等。红茶的来源也有一个故事。传说一队士兵行军经过一个村庄，晚上士兵就睡在装着绿茶鲜叶的麻袋上。士兵走后，茶场主人回来，看到茶叶都发酵了，他舍不得丢掉，将这些发酵的叶子都烘制成茶。一泡，茶汤都是红的，觉得茶质不好，干脆拿到远方去卖，没想到洋人特别喜欢，现在红茶反而成为世界生产量最多的一种茶类了。红茶暖胃，所以识茶者冬天或晚上都喜欢来杯红茶。

青茶

青茶是半发酵茶，既有绿茶的清香和花香，又有红茶的醇厚。它有个文雅的名字叫作“绿叶红镶边”，表示又红又绿，介于两种茶之间。福建的武夷岩茶、安溪铁观音、广东的凤凰水仙都属于青茶。台湾的著名青茶则为包种、冻顶乌龙、高山乌龙、东方美人、木栅铁观音等。

白茶

白茶是轻发酵茶，茶形纤细，选用嫩芽叶上白茸毛多的品种制成，品质特点是干茶外表满披茸毛，色白隐绿，汤色浅绿。宋徽宗《大观茶论》中说：“白茶自为一种，与常茶不同。”它是一种珍贵稀少的历史名茶，有许多美好的名字，如瑞云祥龙、龙团胜雪、雪芽等等。浙江安吉县名茶——安吉白片，曾有“一箱可换一部名车”的说法，可见其珍贵程度。

黄茶

黄茶制法与绿茶相近，唯需经过堆放闷黄的工序，黄汤黄叶是其特点，名茶有君山银针和蒙顶黄芽等。其中君山银针相传是慈禧太后最爱喝的茶。

黑茶

黑茶是后发酵茶，在采摘茶叶后，经过渥堆工序，使茶叶发生后发酵，

造成茶面颜色深暗，称为黑茶。它是许多紧压茶的原料，名茶有云南普洱茶、广西六堡茶等。

中国四大茶区

除了认识茶叶种类，认识茶区也是喝茶不可或缺的常识。

中国有四大茶区，分别是西南茶区、华南茶区、江北茶区和江南茶区。

西南茶区是中国最古老的茶区，包括云南省、贵州省、四川省及西藏东南部，主要生产普洱茶、四川蒙顶黄芽、甘露，或是贵州省的都匀毛尖等。

华南茶区包括广东、广西、福建南部、云南南部、海南等，生产安溪铁观音、白毫银针、茉莉花茶、凤凰单丛、六堡茶、滇红、滇绿等。

江南茶区位于长江中下游南部，包括浙江、湖南、江西等省和皖南、苏南、鄂南、福建北部等地，是中国最大的茶产区。生产的茶有西湖龙井、黄山毛峰、洞庭碧螺春、君山银针、庐山云雾，而在台湾大大有名的祁门红茶，以及武夷岩茶中的大红袍也产于此地。

江北茶区位于长江中下游北部，包括河南、陕西、甘肃、山东等省和皖北、苏北、鄂北等地，主要名茶为安徽的六安瓜片、霍山黄芽，以及河南省的信阳毛尖等。

台湾茶区

台湾制茶的传承来自大陆。台湾制茶的祖师爷，据说是福建省人，于清朝嘉庆年间携武夷茶种来台，在台北县石碇乡附近试种。经过两百年的发展，台湾茶精益求精，茶的口味多元而富变化，最为人称道的有文山包种茶、木栅铁观音、鹿谷冻顶乌龙茶、三峡龙井茶、鹤冈和鱼池的红茶、新竹的东方美人茶，以及阿里山、梨山和杉林溪的高山乌龙茶。所谓的“高山茶”是指海拔 1000 米以上的茶。高山茶的茶树茶芽生长较慢，蕴含的滋味丰富，有回甘的喉韵，很多人一旦喝了高山茶，就会念念不忘。

这里介绍的当然只是中国茶之中的荦荦大者。中国茶叶界有句行话，叫作“茶叶学到老，茶名识不了”。闻名中外的名茶至少有百来种，光是普洱茶就可以写好几本专书，这里就不赘述了。

行住坐卧

比喻平常生活中的一切内容

“行住坐卧”一词被用来泛指生活中的一切内容。例如，在禅宗典籍《禅关策进》中，黄蘖禅师示大众，如何参究“无”字话头：“但二六时中看个无字，昼参夜参，行住坐卧，着衣吃饭处，屙屎放尿处，心心相顾，猛着精彩。”意思是教学人日夜参究，在生活中的行住坐卧，吃饭穿衣、上厕所，心心念念，用心参究。

“行住坐卧”，在佛经中称为“四威仪”，指比丘、比丘尼等出家众所必须遵守之仪则，也就是日常的起居动作都必须谨慎，不应放逸懈怠。

在《长阿含经卷二》中说：“云何比丘具诸威仪？于是比丘可行知行，可止知止，左右顾视，屈伸俯仰，摄持衣钵，食饮汤药，不失宜则。善设方便，除去荫盖，行住坐卧，觉寤语默，摄心不乱，是谓比丘具诸威仪。”意思是说，比丘在生活中的一切行为，无论是肢体的动作，或是托钵、饮食等行为，在行住坐卧，醒着、睡着、言语、静默时，都能摄心不乱，这就是比丘的威仪。

饥来吃饭，困来眠

有源律师来问："和尚修道还用功否？"

师曰："用功。"

曰："如何用功？"

师曰："饥来吃饭，困来即眠。"

曰："一切人总如是同师用功否？"

师曰："不同。"

曰："何故不同？"

师曰："他吃饭时不肯吃饭，百种需索，睡时不肯睡，千般计较。所以不同也。"源律师杜口。

有一天，源律师来问大珠慧海禅师说："和尚修道，是不是还用功呢？"既然大事已了，体悟大道，那是否还要用功呢？

"用功。"当然还在精进了。

"那如何用功呢？"

"饥来吃饭，困来眠。"

这源律师简直是大失所望，以为大珠和尚教他什么神奇妙法，原来是鬼话连篇，就十分不以为然地说：“那一切人都是如同禅师一样用功了？”看来一般人吃饭、睡觉当然是精进用功了，其实吃饭睡觉也很累人的。

“不同！”慧海十分正色地回答。

“何故不同？”源律师倒有兴趣了。

慧海禅师说：“一般人吃饭时，不肯好好吃饭，总是百般地需索。睡觉时也不肯好好睡觉，偏要千般计较，所以不同了。”

这时，源律师无话可说了。

茶疗：何止于米，相期以茶

“何止于米，相期以茶”这句话中，米是形而下的物质温饱，茶是形而上的文化层面，从米到茶，含有出凡入圣，再攀精神高峰的意思。

在世界三大饮料茶、咖啡和可可中，茶是最多人饮用的饮料，远远超过咖啡和可可。茶不仅是饮料，还具有非凡的身心灵疗效，一片茶叶中至少含有四五百种以上的化学成分，医学界不断发现茶有种种神奇的功效，美容界也逐步开发茶叶抗氧化的特性。茶从中国、印度的产地开始，逐渐征服了全世界的饮茶人。英国人甚至为了茶叶，不惜对中国发动鸦片战争；美国的独立战争，导火线也是茶叶；这个令人渴望、让人上瘾着迷的作物，被西洋人赋予了一个响当当的名称，叫作“绿色黄金”(Green Gold)。

寒灯新茗月同煎，浅瓯吹雪试新茶

茶会让人上瘾，但是对茶上瘾反倒是一种好事，除非体质不适，否则常喝茶对身体有百利。有人一睡醒就要喝茶，白居易曾经说过“食罢一觉睡，起来两瓯茶”。还有人会到处探访试茶，譬如苏东坡就曾带着天上团月般的小茶饼，去试惠山寺的石泉水，而写下了“独携天上小团月，来试人间第二泉”。文徵明也写过“寒灯新

喫茶養生

茗月同煎，浅瓯吹雪试新茶”。可见对茶上瘾是多么风雅而有趣的事情。

茶的疗效可以上溯到神农氏尝百草遇毒，得茶而解之；之后达摩面壁的故事，又为茶记了一个大功。传说六朝时期，达摩面壁，因为打瞌睡而羞愤交加，将眼皮割下来，丢在地上，结果丢在地上的眼皮长成了茶树，达摩靠着采茶树的叶子煎饮，保持脑清目明，完成九年禅定。

卢仝《七碗茶歌》

茶可以消食、化油、降火、提神。唐朝顾况《茶赋》中说茶“滋饭蔬之精素，攻肉食之膻腻；发当暑之清吟，涤通宵之昏寐”。裴汶在《茶述》中更推崇茶“其性精清，其味浩洁，其用涤烦，其功致和。参百品而不混，越众品而独高”。不过，将茶的妙处讲得最淋漓尽致的，当推唐朝的卢仝。他在《走笔谢孟谏议寄新茶》中写道：“一碗喉吻润，两碗破孤闷，三碗搜枯肠，唯有文学五千卷，四碗发轻汗，平生不平事，尽向毛孔散，五碗肌骨清，六碗通仙灵，七碗吃不得也，唯觉两腋习习清风生，蓬莱山，在何处，玉川子乘此清风欲归去……”卢仝的《七碗茶歌》，在日本也广为传颂，对日本茶道影响深远，日本人将卢仝跟陆羽相提并论。陆羽被尊为“茶圣”，卢仝被称为“茶仙”。

俗语说，茶就是药，中国的文人雅士从司马相如到王褒等人，无不把茶当药物饮用。茶之效，其功若神。宋朝苏东坡到西湖禅院喝茶留下的那句“何须魏帝一丸药，且尽卢仝七碗茶”，就是茶即是药的最佳佐证。

茶疗与养生

依据古时典籍记载，加上坊间的各种说法，茶的药理作用有养生、抗老、延龄、消食、减肥、健美、提神、醒脑、利尿、通便、治痢、治心痛、祛寒、疗疮、明目、解毒、镇痛、固齿、活血、抗辐射、抗癌、抗过敏、降血压、降血脂等等。《神农本草》中说：“茶，味苦，饮之使人益思、少卧、轻身、明目。”明朝李时珍在《本草纲目》中将茶的疗效做了最全面的叙述，他说：“茶苦而寒，阴中之阴，沉也，降也，最能降火。火为百病，火降则上清矣……温饮则火因寒而下降，热饮则茶借火气而升散。又兼解酒食之毒，使人神思闿爽，不昏不睡，此茶之功也。”

道家追求长生不老，南梁著名的道士陶弘景指出：“苦荼轻身换骨，丹丘子，黄君服之。”由此可知道家传说中长寿的仙人都爱喝茶。据《旧唐书》上记载，唐时洛阳来了位一百三十多岁的僧人，唐宣宗问他：“服何药如此长寿？”僧答道：“贫僧素不知药，只是好饮香茗，至处唯茶是求。”

还有一个传说，出现在五代王文锡《茶谱》上，是说古时候有位老和尚病了，这病不轻，怎么都治不好。一天，一位老者跟他说，要到蒙山山顶上去采茶，这茶春分前后，逢雷而发。你候在一旁，及时采摘三天，用蒙山水煎服。得一两，能治

只管喝茶

禪者南玥

任何宿疾；二两，一辈子消灾祛疾；三两，脱胎换骨；四两，就地成仙。老和尚遵嘱，得茶两余，煎汤服用，没喝一半，病即痊愈，眉毛与头发均由白转乌，以至熟人相见，不敢相认。这则传说不仅把茶说成“万病之药”，而且还可以返老还童。

此外，隋文帝年轻时做过一个噩梦，梦见神人换了他的脑骨，从此他就时常犯头痛，药石罔效。后来他听从僧人劝告，到山中采茶，煎服饮之而愈，治好了头痛。茶可治病这件事情从此天下传闻，人们竞相煎服。朝中众臣也形成了争相献好茶给皇帝，以求加官晋爵的风气。

何止于米，相期以茶；论高白马，道超青牛

爱喝茶的人多半长寿。当代茶圣吴觉农享有高寿，一直到九十一岁才去世。

1983 年，哲学大师冯友兰与好友、逻辑学大师金岳霖同做八十八岁大寿时，写了一副“何止于米，相期以茶；论高白马，道超青牛”的对联送给金岳霖，一方面推崇金老的哲学底蕴超过韩非子和老子，另一方面则表达了二十年后一百零八岁时，期待与金老再相聚的愿望。

“何止于米，相期以茶”，这句话中，米和茶指的就是“米”寿和“茶”寿。所谓“米”寿指的是八十八岁，因为“米”字看起来像八十八；“茶”字的草头代表二十，下面有八和十，一撇一捺又是一个八，加在一起就是一百零八岁。日本茶道最先提出“米”寿和“茶”寿的雅称。日本人认为茶有助于健康，可以延

用心喝妙茶
水土相和

年益寿，并且常以茶祝寿，所以刻意把“米”字和“茶”字的笔画像拆字谜一样地拆开来，用来比喻寿命岁数。其实就更高的层面来看，米是形而下求温饱，茶是形而上文化层面，因此从米到茶，还含有出凡入圣，再攀精神高峰的意思。

古人对茶疗的认识，多出于经验之谈，除了一些过分渲染的羽化成仙的说法之外，大部分的记载经过现代医学的印证都言之成理。

茶叶中的成分

茶叶中主要成分有咖啡因，茶多酚，维生素 C、B_1、B_2、E，矿物质微量元素，氨基酸等等。日本科学家发现，茶抗衰老的作用约为维生素 E 的二十倍。

咖啡因是中枢神经的兴奋剂，所以茶有提神、强心、利尿、抗喘等功能。

而茶多酚则是形成茶叶品质的重要活性物质，茶汤中的苦涩味就是因它造成的。它是由俗称茶单宁的儿茶素、黄酮类化合物、花青素等组成，其中的儿茶素占茶多酚类物质总量的 70% 至 80%，为茶叶药效的主要活性成分，具有防止血管硬化、降血脂、消炎灭菌、防辐射和抗癌等多种功效。近年来，有多项医学报告针对茶多酚在抗衰老、美容、防癌等方面的应用做深入的研究，可见茶多酚已经跃居为茶叶成分中的明星。“农委会”也宣布，已经成功地研发出萃取茶叶中重要成分儿茶素的技术，并且可以将儿茶素单独作为食品添加剂，以达到抗癌以及养颜美容的效果。

有益健康的儿茶素

茶叶中的主要成分儿茶素的功效如下：

一、抗衰老、抗氧化：自由基是老化、疾病的元凶，儿茶素可清除自由基、延缓老化，是优良的天然抗氧化剂，其抗氧化能力比维生素E还高。

二、抑制癌症：可保护细胞膜，具有预防突变、抗癌的特性。实验发现，它对口腔癌、肝癌、胃癌、前列腺癌有良好的抑制作用。

三、降低血压、血糖和胆固醇：可以有效地预防心脏病、动脉硬化等心血管疾病。

四、加强胰岛素功能：实验证实，儿茶素可以增强胰岛素功能，预防糖尿病的发生。

五、帮助瘦身：儿茶素可减少脂肪吸收，甚至增加代谢，是很好的减肥辅助食品。

六、预防蛀牙和牙周病：儿茶素可明显减少牙菌斑及抑制牙周病菌，具有预防蛀牙的作用，并且可消除口臭。

七、改善肠道微生物分布：儿茶素可抑制致病菌如肉毒杆菌的生长，让体内的乳酸菌等好菌多于坏菌，具有整肠功效，如此就不易生病。

八、抗菌：许多业者也开始在日常用品中添加儿茶素，如儿茶素沐浴乳，因为有抗菌功效，所以可改善湿疹。

九、除臭：儿茶素可以除去甲硫醇的臭味，所以可以去除抽烟者的口臭，并且减轻猪、鸡以及人排泄物的臭味（因为儿茶素可以抵抗人体肠道内产生恶臭的细菌）。

十、其他：若干研究显示儿茶素具有抑制血压（可降低舒张压与收缩压）及血糖（抑制醣分解酵素）、降低血中胆固醇及低密度脂蛋白（LDL）并增加高密度脂蛋白（HDL）的量（日本用来做低胆固醇蛋）、抗辐射以及紫外线（美国已做成预防紫外线的化妆品）、抗突变（在微生物方面已获得证实，但还没有人体试验的报告）等功用。

儿茶素亮眼的表现，也呈现在化妆品上面。因为它可以抑制黑色素，能在短时间内改善皮肤色泽。许多化妆品更打出儿茶素具有促进细胞更新的活肤功能，使得儿茶素在化妆品美白与抗衰老市场中刮起了一阵绿色旋风。日本厂商不遗余力地推广含儿茶素的食品及化妆品、婴儿油、纸尿布、成衣、止汗剂等商品，开发利用儿茶素防腐、抗菌、除臭的功能。甚至还有房地产公司，让住户选择表面涂有儿茶素的壁纸，因为儿茶素壁纸能吸收并分解室内的有害物质。

避免茶醉的方法

由此可见，茶之功效真的很大，几乎已经扩大到生活的方方面面。难怪古人会说“不可一日无茶”。不过，明朝的李时珍在《本草纲目》中曾经提醒，虚寒

日日有好茶

及体弱的人不可过量饮茶，胃不好的人也不宜喝茶。

综合茶人的经验和中医的研究可知，身强体健的年轻人，饮茶有益无害；气虚脾胃恶的老弱，不可过度饮茶。老年人宜饮红茶、普洱茶或老茶。绿茶是不发酵茶，茶多酚含量最高，刺激性较强；红茶和普洱是全发酵茶，经过熟化的过程，茶多酚较少，刺激性较弱。

高血压和体重过重者可以借乌龙茶和普洱茶降血压、胆固醇和血脂。糖尿病患者可多饮乌龙茶和紧压茶。空腹喝茶易伤胃，影响胃液的分泌，严重的还会引起心悸、头痛等“茶醉”的现象。茶醉现象也容易发生在平常很少喝茶的人身上，如果喝茶后有心悸、头昏、血糖降低、四肢无力之感时，立刻吃点甜食就可以消醉，所以这个时候配茶的茶点就很重要了。如果是喝茶晚上会睡不着觉的人，可以选全发酵或重焙火的茶。

心跳太快的人，不宜喝浓茶；神经衰弱的人晚上不宜多喝茶。红茶里加点奶，有暖胃的作用。只要记住这几个大前提，并且了解茶，知道如何泡茶，慢慢培养出自己对茶的鉴赏力，就可以享受喝茶的乐趣了。

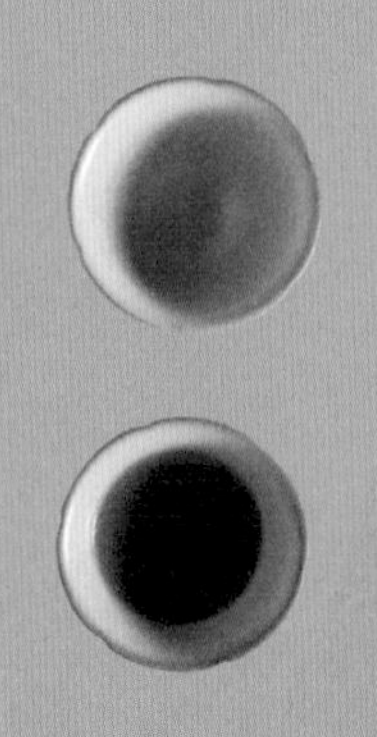

平常心是道

南泉因赵州问："如何是道？"

泉云："平常心是道。"州云："还可趣向否？"

泉云："拟向即乖。"州云："不拟争知是道。"

泉云："道不属知，不属不知。知是妄觉。不知是无记，若真达不拟之道，犹如太虚廓然洞豁，岂可强是非也！"州于言下顿悟。

赵州从谂禅师于南泉普愿禅师门下参学。

有一天，他向南泉问："如何是道？"

南泉那时也蛮平常的，就说："平常心是道。"这也是南泉的师父马祖教的标准答案。平常心嘛，有什么稀奇？

"那是否还可以有趣向呢？"从谂希望这平常心的道，像方向盘一样可以转过来，弯过去，随意操作，那可就乐了。因此，十分有兴致地问下去。

南泉这老人家，虽好玩，但绝不乱玩，哪能让他乱搞造作，当作平常心？如此一来，平常心可不是能变成愤怒的平常心，平常的愤怒心；贪染的平常心，平常的贪染心；预备的平常心，平常预备的心；趣向的平常心，平常趣向的心吗？这样的平常心恐怕难以平也难以常了。

因此，南泉就回答说："你如果拟有趣向的话，就错了。"

从谂还是不死心，想争取另类的平常心，就说："我如果不预拟的话，怎么知道是道呢？"原来从谂喜欢虚拟实境，预先想好了道，然后再睁开眼睛，说："宾果！与我预想的一样。"也真难为他了，毕竟不会游泳的人，游泳前总是会先想好各种姿势。但如果搞不清楚实相，将虚拟游泳当成实际游泳，那可惨了，要闹人命的。

南泉这时苦口婆心地教育这幻想少年，他说："道不属于知，也不属于不知。知是虚妄的觉知，不知是昏昧的无记。如果真正达到不疑之道，就会犹如太虚一般，廓然荡豁无碍，岂可强加以分别是非呢？"

这一说，从谂懂了，懂了就悟了平常心之理了。

其实平常心真平常，可不是不平常。许多人口中挂着要平常心，只是为了保持自己不平常的心，所以说那是平常心，未免可怜。把平常的贪、嗔、痴心，说成平常心，那也会平常受苦而无碍，可真惨了！

风雅品茗

每一次茶席的摆置，都是由瞬间跟偶然组成的。
一期一会，即是一种无常观。
是以，来喝茶的人，也要以再也没有下次的心情来赴会。
放下一切烦心事，细细品味眼前的茶汤，珍惜当下的美好。

宋朝梅尧臣诗云："自从陆羽生人间，人间相学事新茶。"的确，自从唐朝的茶圣陆羽有系统地整理茶事，辑为《茶经》一书之后，不仅饮茶的风气大盛，天下之人也开始讲求复杂与文雅的饮茶技艺。

《茶经》中的饮茶用具

譬如喝茶时，茶人不只要求茶具的适用与齐备，还注重美观与色泽。陆羽在《茶经》的"四之器"中，为饮茶用具开了一张清单，其中包括生火用具，煮茶用具，烤茶、碾茶、量茶用具，盛水、滤水、取水用具，盛盐、取盐用具，饮茶用具，盛器，摆设用具，清洁用具，等等，罗列起来竟有二十五种之多。当然，这样多繁复的用具，民间老百姓不可能一应俱全，只有皇室贵族用得起。尽管如此，穷奢极侈的公孙贵族还是不满足，他们还要求用金、银制茶器具以及稀有的秘色瓷和琉璃茶具来显示尊贵。而历代皇帝中，爱好茶事的，可以唐懿宗与僖宗父子为代表。

这对父子下诏文思院和地方官吏打造鎏金银碾子、罗子、笼子、匙子、则子、盐台、龟樯，以及银火筋（箸）和琉璃茶碗托子等造茶、饮茶用具。后来这些茶具在咸通十四年（873），唐僖宗迎佛骨真身舍利子到法门寺时，便随同金银宝器衣物，一并恩赐给法门寺供养，以表示其虔诚礼佛之心。据专家考证，陕西扶风法门寺地宫供养的是密宗曼荼罗。密宗修的是即身成佛的密禅，一切修法都是供养法，而茶是最佳的供养品之一。这套金银茶具于1987年在法门寺地宫出土，是中国目前所知时间最早、配套最完整、规格最高，而且工艺最精美的茶具文物。

现代简化的茶具

随着时代推移，制茶技术进步了，喝茶步骤也简化了，用不到像古时候那么多的器具。只要用到烧水壶、水方、茶壶、茶海、茶杯、茶盘、壶承、茶夹、茶则、茶匙、茶巾和竹篮等用具即可。

烧水壶：选择很多，一般来说，用陶壶烧水，声音最小最安静，水质也佳，跟其他的茶器具也最搭配。用电壶烧水的话，有的上面有温度计，可以测水温。刚买回家的新陶壶要用粥水煮约半小时，才能达到收缩陶壶的毛孔和去除新壶土味的效果。有的陶壶配有酒精灯座，不过酒精灯烧水很慢，大多是用

4

3

来保温。

水盂：又称水方或渣方，可以承接烫壶、温润泡后弃置的茶水和茶渣。

茶盘：承放茶杯。

茶承：又称茶船或壶承，栖壶之处，可以承接壶中溢出的茶水，或浇淋在壶身上养壶的茶水。

茶海：又称公道杯或茶盅，可以承放泡好的茶汤，再分倒在各茶杯之中，使得每杯茶茶汤浓淡相同。又可沉淀茶渣。

茶壶：主要的泡茶器，有紫砂壶、陶壶、瓷壶和岩矿壶等。选壶是个学问，有一种说法叫作“三点”金，就是壶把、壶口、壶嘴三者要在一条直线上，最简单也最好的检测方式，就是把壶盖拿掉，把茶壶反扣在桌上，如果壶嘴、壶口、壶把是平的，就表示是在一条线上。不过现代某些制壶者并不依照这样的做法来制壶，所以“三点”金只能当参考而已。还有一点就是壶嘴出水要顺，断水要利落。最后则是壶盖要密实，测试方法为注水入壶到壶身三分之二处，用手指压住壶盖气孔，然后倒水，如果涓滴不漏就表示密合度很高。壶盖与壶身密合度高，泡茶时才能凝聚香气。壶口角度适当，茶壶重心要稳，这样才容易提拿。

如果要测试壶的密度和烧结温度是否恰当，可用轻拨壶盖扣壶的方式，听其声音，以清脆铿锵为佳。声音过于尖锐或是低沉闷钝，都不理想。

由右至左为：
1 煮水壶和炭火茶炉
2 茶杯和茶托
3 茶壶、茶杯和茶盘
4 茶壶和壶承

不同材质茶壶和茶叶的搭配

不同材质的壶，泡起茶来会有不同的表现。茶依香气与口味，一般可分为高香气的茶、香气与喉韵兼具的茶，以及重口感的茶三种。而茶壶的壶质也有分别。密度高的茶壶，泡起茶来香味比较清扬。如果所泡的茶，在表现上是属于高香气的、清扬的，如包种、龙井、碧螺春，那就该用壶质密度高的瓷壶来泡。瓷的材质比较细致、传热较快，与轻发酵茶的高香气感觉一致。

如果所泡的茶属于香韵兼具，如铁观音、冻顶乌龙、炭焙乌龙等，就该用密度较低的陶壶或宜兴紫砂壶来泡，陶器性质粗犷、低沉，传热较慢，可以蕴蓄茶味，使得茶汤香味醇和，能保茶色和香味的真髓。

老茶和滇红、佛手、水仙、普洱等重口味的茶汤，则可以用结构类似麦饭石的岩矿壶来泡。岩矿壶对重口味的茶有转化和提升功效，并且可以去除茶汤杂味和重焙火茶的火味，以及普洱的陈味，使得茶汤入口更为滑润、甘甜香醇而无陈味。

新的陶壶和紫砂壶多半会有土味，有人说多泡几次茶，土味就没了。不过如果对土味特别敏感的人，可以先将新壶煮过以去除土味，煮时可以加入一些茶叶同煮（也可用粥水去煮），煮一两个小时左右。另一种去土味的方式是，壶中倒入沸水放置一会儿，将水倒出，再度倒入沸水，然后将壶置于冷水中浸泡五分钟，再把水倒掉，先把此壶当茶海使用，用了十次之后，就可以拿来泡茶了。

茶杯：茶杯有两种，窄口的闻香杯，以及宽口的品茗杯。要先将茶汤倒入闻香杯，再将闻香杯的茶汤倒入品茗杯，先闻了闻香杯杯底的茶香，再喝茶。

茶则：盛茶入壶的工具，一般为竹制。

茶漏：置茶时放在壶口上，以导茶入壶。

茶夹：可将茶渣从壶中夹出。

茶匙：清茶渣、通壶嘴的工具。

茶席巾：铺在茶桌上，给整个茶席增添色彩和温馨感的用具。它还可以衬托茶具、茶汤的色泽和界定茶席的氛围。

洁方：用按压的方式，吸去泡茶时滴在茶席中的茶水，或者擦拭壶身水痕。最好是棉质的。

榭篮：多半是竹编的，可以放置茶点，或是当作收纳茶具茶叶的提篮。

小茶罐：有一两罐、二两罐等大小，放在茶席上取茶叶，一方面很风雅，另一方面也不占地方。

杯托：茶汤太烫的时候，用杯托端起杯子，不会烫手。不过，瓷杯比较容易有烫手的问题，陶杯较有阻热的效果。

盖置：放置壶盖的用具。

茶荷：放置茶叶，供大家观看干茶形状的用具。

有了这些基本的茶具之后，我们就可以精心摆放茶具跟装饰品，布置兼具实用与美感的一桌茶席，提升喝茶的境界。

由右至左为：
1 茶罐、茶夹和茶则
2 茶则、茶匙和茶夹
3 茶巾
4 榭篮
5 茶罐
6 茶炙

茶席的摆置

凭自己的心情摆上茶席，风雅之至，可邀山间之明月，江上之清风对饮。有人说，中国的茶席像门艺术，其中包含了对茶的礼赞，以及对茶配乐与茶配诗、茶配花的精致融合，相较于日本简单却隆重的茶道，已提升到另一境界。

茶席可以用主题来区分，譬如白露茶席或春、夏、秋、冬四季的茶席。抑或是依茶的品种来分，譬如乌龙茶席、普洱茶席等等，在布置茶席的构图时，除了要摆出和谐的层次感和幽雅的意境之外，还要考虑到顺手和合理。茶席的灵感和创意，不是一蹴可几的，要靠平常不断地练习和揣摩，并顺手收集一些有禅意的茶具和小玩意儿，这些都可为茶席的布置画龙点睛，譬如茶席巾就会让茶席呈现丰富多元的色泽和层次感。不过，最重要的还是设计者自己文化的底蕴、品位、美感和修为，都会一一呈现在茶席之中。可以说，茶席就是一个曼荼罗，是个人内心心境的反映。

每一次茶席的摆置，都是瞬间与偶然组成

茶席不宜太拥挤，要有适度的留白，予人空灵的感觉，这时生活中的减法哲学就很重要了，譬如闻香杯可以不用，杯托可有可无，茶罐可以收起来，等等。茶杯也不宜放置太多，三四个适宜，十个就太多了。古人说：“品茶，一人得神，二人得趣，三人得味，七八人是名施茶。”另外，茶具看似拙朴，但是我们可以让它拙中带巧，这也是分寸的拿捏和掌握。

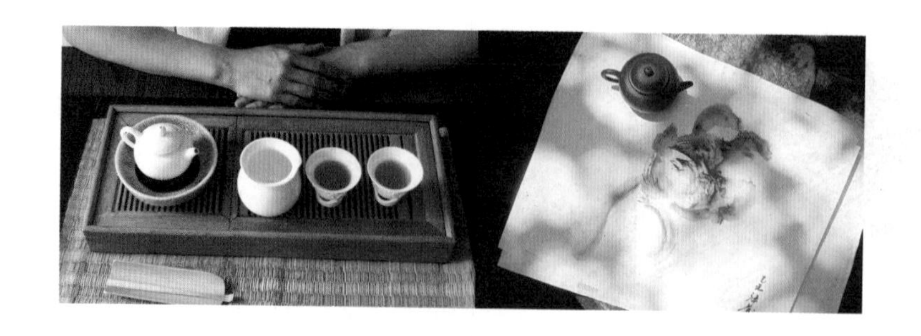

茶席的布置就是一个艺术创作。禅讲究心随万境转，随机应变，每一次茶席的摆置，都是由瞬间与偶然组成的。譬如说，随季节不同，客人不同，就要准备不同的茶叶、茶点和茶器。源自日本茶道里的禅语“一期一会”，讲的就是这个瞬间与偶然。一生只见一次，再不会有第二次相会的“一期一会”观点，来自佛教的无常观，人的生死，友人的离合都是无常的。谁都不能说自己一定有明天。面对人生无常，有人因此绝望悲观，有人则竭尽所能地奋斗，认真面对每一时，每一事，仿佛再无重来的机会。因此布置茶席时，要有一种紧迫感，这种紧迫感就是创造任何不朽艺术的泉源，而来喝茶的人，也要以再也没有下次的心情来赴会，放下一切烦心事，细细品味眼前的茶汤，珍惜当下的美好。

文人雅事：宋代四艺

布置茶席因此也是一场心灵的飨宴，让平常盲目奔波的人，都能用认真的态度，得到心灵的享受，做一次精神上的贵族，好好欣赏饮茶的大千世界。

宋代文人的四艺也是四大雅事，分别为挂画、点茶、焚香、插花。现代的茶席沿袭了宋人的雅趣，多以焚香为始，并将花与书画融于品茶的情境中。

焚香

中国殷商时期的青铜祭器中已经有香器。可见得，焚香对于王侯贵胄而

古代文人活动中，对花要焚香，喝茶要焚香

言，是生活祭奠中的必需品。文人雅士更是喜欢焚香，到了宋朝，由于开科取士人数比隋唐时期增加许多，文人学士在上流社会中占了极大的比例，文人精致的品位因此影响了当时文化艺术的潮流。文人雅集的活动之一是幽室品香，对月要焚香，对花要焚香，喝茶要焚香，对美人也要焚香。焚香不仅雅而韵，也是展示门第身份的方法，所谓“沉水熏陆，宴客斗香，以显豪奢”。其中，又以沉香的香气最为尊贵，跟茶香也最合；当我们心思沉静下来，焚一盘沉香，闻香之际，就会感到有一股清流从喉头沉入，口齿生津，六根寂静，身心气脉畅通。饮茶时点上一炷好香，袅袅的烟雾与幽香，成了茶席另一番风景。千利休的最后茶宴，就是以焚香开始，用香气导引，暗示宾客一切细节都已备妥，可以进入茶室喝茶了。

插花

茶席中的花也很重要。宋朝时，插花艺术极为风行，是每个人自小就须具备的修养，就连仆役也不例外。因此有关的专书不少，譬如范成大《范村梅谱》中说：“梅以韵胜，以格高，故以横、斜、疏、瘦，与老枝奇怪者为贵。”千利休也有一个跟梅花有关的故事。相传有一次，秀吉为了为难千利休，特别拿了一个像脸盆的花器，叫千利休插梅花。利休面不改色，将梅花的花苞跟花瓣都用手揉下来，撒在水面上，然后把梅花的残枝横搭在花器上，完成了不朽的艺术创作。他以不动之心迎接偶然，否定了一些必然的规则，开启了创作的新领域。因此茶席之花，茶人称之为“茶花”，不必拘泥于一定的形式，或是特别品种，有时是几

枝枯枝，有时是一朵野花，也可以把它们插在水盂或是小茶杯里，只要有艺术创作的灵感，所有的花都可以入茶席。

挂画

至于茶席中的书画，茶人多将之挂在墙上，衬托茶席的书香气息。有人会挂书写得龙飞凤舞的禅语，或者诗词歌赋，有人会挂喝茶品茗的复制古画，譬如唐寅或文徵明的《品茶图》、仇英的《松亭试泉图》意境都很高远。只要能反映主人的心境，得趣，表达出清净的禅意，就都是布置茶席的好道具。

禅诗禅意

布袋和尚曾回答一位陈居士的诗偈：

是非憎爱世偏多，仔细思量奈我何？
宽却肚肠须忍辱，豁然心地任从他。
若逢知己须依分，纵遇冤家也共和。
若能了此心头事，自然证得六波罗。

世间憎爱能奈我何，宽却肚肠，心地开阔。如果逢到知己要依缘依分，即使遇到冤家也能共和。将冤亲分别的心事了却，自然能证得菩萨的六种波罗蜜，而成证佛果的彼岸。这诗偈将一切修行的境界，回归到日常生活，实在令人欣喜。

安徽芜湖广济寺中，供奉着大肚弥勒佛。在弥勒佛旁，有一副佚名者所写的对联：

大肚能容，容天下难容之事；
开口就笑，笑世间可笑之人。

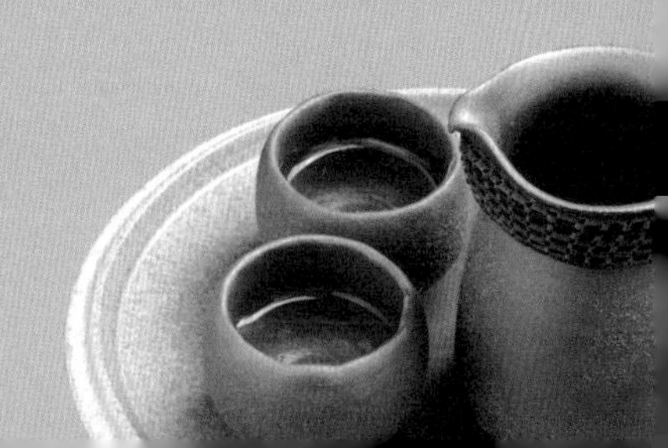

弥勒佛大大的肚子，笑眯眯的脸，已经成了中国佛寺的特有景象了。许多佛教徒因胖胖的弥勒佛，而悟出特有的开朗人生观。天下事，就像这副对联一样，一切无常，万事成空，只要精进努力地去做该做的事，又有什么可计较的呢？看穿万事万物的本质，了悟一切都是变化无常的空相，才不会将生命留滞在一时的情境当中，才有办法开心自在，向前积极生活。只有“大肚能容，容天下难容之事”的人，才能积极而心胸朗阔，开口就笑！

有一天，洞山良价禅师因为过河，看到了水中倒影，才大悟前述的意旨，这时才算是了了这个大事了。为此，他写了一首偈颂：

切忌从他觅，迢迢与我疏。
我今独自在，处处得逢渠。
渠今正是我，我今不是渠。
应须恁么会，方得契如如。

从他觅去，难免与本分迢迢离远，淡泊疏遥了。禅者贵明见处，随时做主，因此渠今正是我，一切妙用无双，我则能随时活脱，不在虚幻影上失了分寸。如此一来，体用双全，也方称是个如如汉子了。

水中倒影一向比本人还清晰，所以可惜的是，迷头唤影是常有的事。错幻迷误之际，总是丧尽了乾坤生命，怎能不慎呢？直到此刻，良价才蓦然翻转，不再随迷

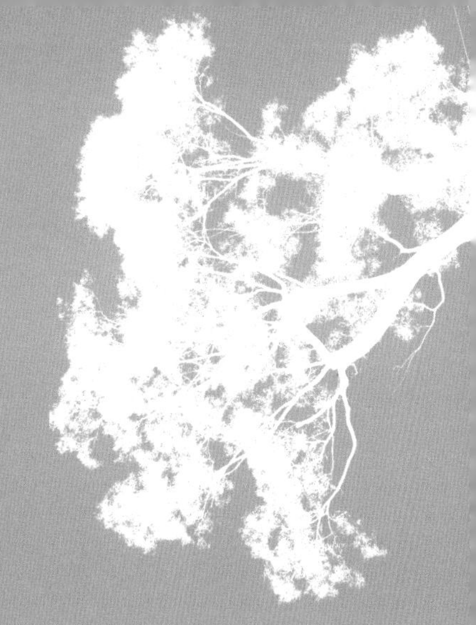

而去，刹那醒觉，一切本来无事，却不免悲喜交集。

有僧人问云门："如何是尘尘三昧？"尘尘三昧是现前一一微细的梦法，法界万相都是尘尘，一一在一尘尘当中入于禅林三昧，成就了王三昧，也成就了圆满。

云门回答："钵里的饭，桶里的水。"钵里的饭，吃了不饥，桶里的水，喝了不渴。有力气，才能坐禅，这当前的真实，才是真正的尘尘三昧。

宋代的天童正觉禅师为这尘尘三昧写了一颂：

尘尘三昧，彼彼不外。
千峰向岳，百川赴海。
更无一法不如来，
只个堂堂观自在！

一切无外于这尘尘三昧，就如同千峰向岳，百川赴海，会于这实相。法界中更无一法不是如来，现成这个，即是堂堂的观自在。禅即如此，吃饭时疗饥，口渴时饮水，身累时睡觉，起身时好作。

附录

台湾十大名茶及其特色

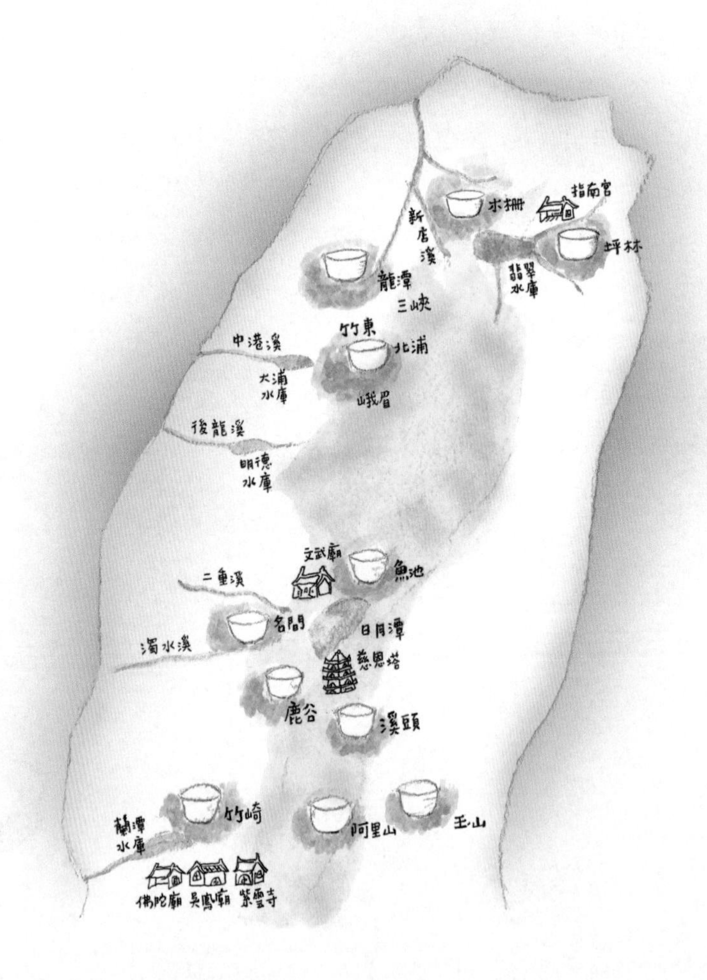

台湾茶业的历史虽短，但已有许多现代名茶享誉中外。台湾地区依茶叶产制环境之特性而发展出各种特色茶，任中华茶文化学会创会理事长的范增平先生，根据台湾茶的知名度、消费者市场和学者专家的意见，选出“文山包种茶”“木栅铁观音”“冻顶茶”“白毫乌龙茶”“三峡龙井茶”“高山茶”“龙泉茶”“阿里山珠露茶”“松柏长青茶”“日月潭红茶”为台湾十大名茶。

一、文山包种茶

包种茶名称的由来，据传是在一百五十多年前，福建省泉州府安溪县茶农模仿武夷茶的制法制造安溪茶，并将制好的茶叶以四两为单位，用福建产的毛边纸两张，内外相衬包成长方形的四方包，再盖上茶叶名称及行号印章，称之为“包种”或“包种茶”。后来传到台湾南港、文山等地，又以台北县文山地区所产制的品质最优，香气最佳，所以被称为“文山包种茶”。

文山包种茶产地包括台北县新店、坪林、石碇、深坑、汐止、南港等茶区，约有2300多公顷，茶园分布于海拔400米以上的山区，其中尤以坪林地区的品质特佳，驰名中外。

文山包种茶有“香、浓、醇、韵、美”五大特色，茶青均以人工手采的“青心乌龙”品种制成，属于“半发酵茶”，发酵程度约15%，形状为条索状且自然弯曲，是和台湾其他地区的包种茶最大不同之处。外观翠绿，冲泡后茶汤水色金黄鲜艳悦目，香气扑鼻，滋味甘润，入口生津，喉韵无穷。

二、木栅铁观音

福建省的铁观音相传有两百多年历史，其命名相传是因清乾隆元年春，安溪尧阳乡书生王士谅在南山之麓看见观音山下岩石间有一株茶树闪烁夺目，移植到自家园圃细心培养，将之制茶后，发现气味芳香异常，便携此茶赠送相国方望溪，其后方相国又将之转献廷内，皇帝饮后甚喜，视其美如观音，茶汤醇厚似铁，故赐名为“南岩铁观音”。

而木栅铁观音则是清光绪年间木栅茶师张迺妙、张迺乾兄弟受茶业公司指派，前往安溪引进铁观音纯种茶苗，并在木栅樟湖山（今指南里）上种植而成。因此地土质与气候环境均与安溪原产地相近，制茶品质十分优异，为乌龙茶类中的极品，故此驰名。此外，木栅铁观音在制茶过程中，往往在茶叶未完全干时，即用方形布块包裹，并以手在布包外转动揉捻，再放入焙笼用文火慢慢烘焙，直到外形圆曲紧结，是其一大特色。

三、冻顶茶

冻顶茶历史悠久，南投县鹿谷乡人林凤池先生于清朝咸丰五年，赴福建省应考举人及格返乡，从武夷山带回三十六株青心乌龙茶苗，并将其中十二株种植于鹿谷乡麒麟潭边的山麓上，是冻顶茶的开端。

冻顶茶被誉为台湾茶中之圣，其鲜叶采自青心乌龙品种的茶树，故又名“冻顶乌龙茶”。属于半发酵茶，发酵程度约30%，但制法则与包种茶相似，应归属于包种茶，所以文山包种茶和冻顶茶系为姊妹茶。

冻顶茶属于青茶类，制茶过程中，“热团揉”[1]是制造此茶独特的“中国功夫”；品质优异，在台湾茶市场上居领先地位。其上选品外观色泽呈墨绿鲜艳，并带有青蛙皮般的灰白点，条索紧结弯曲，干茶具有强烈的芳香；冲泡后，汤色略呈柳橙黄色，有明显清香，近似桂花香，汤味醇厚甘润，喉韵回甘强，且经久耐泡。

四、白毫乌龙茶／东方美人茶

白毫乌龙茶主要产于新竹峨眉乡、北埔乡，及苗栗的头屋乡、狮潭乡、头份镇等地，是半发酵茶类中的重发酵茶。茶汤水色明亮艳丽呈红色，香气闻之有天然熟果香，入口滋味浓厚，甘醇而不生涩，圆滑润和具有刺激性，过喉徐徐生津，口中甘醇尚有回味者为上品。

“白毫”即指茶叶受虫害的痕迹，过去因茶园较潮湿、通风又不理想，因而滋生大量的茶小绿叶蝉，以茶树嫩芽为食。当时部分茶农因不甘损失，仍把茶青拿来制成乌龙茶，竟发现受过虫害的茶叶有种特殊的风味。白毫乌龙茶在台湾茶农口中俗称“番庄”，亦曾被谢东闵先生命名为“福寿茶”，亦因其口味独特，广受西方人喜爱，而有“东方美人茶”[2]与“膨风茶”[3]之称。

五、三峡龙井茶

三峡茶区位于台北县西南方，连接文山茶区，分布在安坑、竹仑、插角及有木等地，山上云雾深浓，气候凉爽，土质优良，极适合茶树生长。当地农民开垦种茶已有两百余年历史，目前已有茶园面积430公顷，种植品种以青心乌龙、青心柑仔为主，分别制成包种茶、龙井茶、碧螺春等；前台北县县长尤清先生拜访三峡茶区时，亦曾将三峡茶区所有生产的茶叶统称为“海山茶”。

三峡龙井茶为不发酵茶，以色翠、香清、味醇、形美四绝深受品饮者的喜爱。维生素C含量多，入口先苦后甘是其特性。采摘青心柑仔品种的一心二叶嫩芽，不经发酵，直接杀青揉捻，制成外形扁平具白毫的茶叶，外观新鲜碧绿带油光，茶汤呈黄绿色，明亮清澈，清新爽口，为台湾绿茶的代表。

六、高山茶

台湾五大山脉，海拔在1000米以上所生产的茶叶，统称为“高山茶”，主要产地为嘉义县、南投县内海拔1000米至1300米的新兴茶区，生产以青心乌龙为原料，制成球形或半球形的包种茶。

由于高山地区云雾多、日照少、雨水足等适合茶树生长的环境，因此茶树芽叶所含儿茶素类等苦涩成分降低，而茶氨酸及可溶氮等，对甘味有贡献之成分含量提高，且其芽叶柔软，叶肉厚，果胶质含量高，因此高山茶不但色泽翠绿鲜活，滋味甘醇，滑软，厚重中带活性，并具香气淡雅、水色蜜绿显黄、耐冲泡等特色。在所有名茶中价格最高，消费者莫不以喝高山茶为高贵的象征。

七、龙泉茶

产于桃园龙潭乡，龙潭乡地势高且平坦，海拔在300米至400米之间，全年高温多雨，每日清晨及黄昏都有一层薄雾笼罩，生长过程中经此湿气滋润，因此所制成的茶叶品质醇厚，香气怡人，曾于1982年荣获台湾“机采优良包种茶比赛”冠军，在1983年4月9日被命名为“龙泉茶”。

龙泉茶的“龙泉飘香”曾是客家村龙潭乡闪闪发亮的金字招牌，茶汤金黄带绿色，滋味甘润，入口生津，有一种含蓄清纯的花香味。冲泡时的诀窍是茶量要少，时间稍短，水温略低，且以热饮最好。

八、阿里山珠露茶

阿里山珠露茶主产于嘉义县竹崎乡和阿里山乡交界之石棹山，茶区分布于海拔1300米至1500米之山坡地，栽培始于一百余年前，由当时清朝之台南府精选茶种，委由梅山吴氏于梅山乡瑞峰、外寮及生毛树等地区试种成功，后由洪氏引进至嘉义县石棹地区栽培，目前洪氏家族尚保存该种茶树。

阿里山珠露茶是以“青心乌龙”为原料制成的球形或半球形包种茶。1987年8月28日，由谢东闵先生命名。阿里山珠露茶的特色是，从制造过程开始的茶青采收起，在三十六小时内要完成茶叶的成品制造，因此其外形紧结，颜色青褐，具有浓厚的花果香。

九、松柏长青茶

松柏长青茶原名“埔中茶”或称“松柏坑茶”，在台湾的茶业发展史上，开发极早，初期在内销市场上知名度较低，销路不易打开，以致茶农生活清苦，1975年蒋经国先生于“行政院长”任内莅临巡视，对此地茶叶香郁芬芳称赞不已，特命名为“松柏长青茶”，是最早由名人命名的茶。

产于南投县名间乡的松柏岭（旧称埔中），地属八卦山脉的最南端，那里气候凉爽，茶园多分布在 200 米至 400 米之间的台地，目前茶园面积达 2500 公顷。以“青心乌龙”“四季春”“金萱”“翠玉”等品种为原料制成的半球形包种茶，其干茶呈青绿色，有一股清新香味；冲泡后清香扑鼻，滋味略苦但后韵无穷，是颇受年轻族群钟爱的茶种。

十、日月潭红茶

台湾早在一百年前即用日月潭种植的小叶种来制造红茶，但因为口味不够香醇，日据时期为改善品质，即于 1926 年自印度引进大叶种“阿萨姆茶”（Assam）来台种植，并选择在南投县鱼池、埔里、水里地区开发推广种植，1966 年种植达 1815 公顷。1977 年南投县县长刘裕猷为加强促销此地红茶，特命名为“日月潭红茶”。

埔里、鱼池一带的地理环境非常适合阿萨姆茶生长，大叶种制成的日月潭红茶，属全发酵茶，在制茶过程中，经过萎凋、揉捻、发酵、干燥而成。水色艳红清澈，香气醇和甘润，滋味浓厚，此地区所产红茶可媲美大叶种阿萨姆原产地印度及斯里兰卡的红茶。

〈注释〉

1 热团揉：茶烘干后，需再重复以布包成球状揉捻茶叶，使茶成半发酵半球状，称为“布揉制茶”或“热团揉”。

2 “东方美人茶”的命名由来众说纷纭。一说为清嘉庆年间，柯朝氏自福建省武夷山引入乌龙茶茶种，种植于台湾高山后，再外销至英美。由于当时的茶农采新叶末端的叶尖制茶，泡水后竖立于水中的样貌，在欧洲人眼中宛如体态玲珑的东方女子，于是昵称为“东方美人茶”，亦有一说，相传由英国维多利亚女王命名。

3 “膨风茶”之命名，相传是因1929年，日本石琢英藏在台湾任第十三任总督，在北埔举办高级茶比赛时，发现这种虫子咬过的茶叶风味特殊，因此在卸任离台前，以高价收购参赛的全部高级茶，一斤茶叶的价格相当于当时一个乡长二十个月的薪水。消息传出，大家都认为是“膨风”（闽南语中“吹牛”的意思），第二天经报纸大幅报道后，人们才知道此茶的珍贵，“膨风茶”因而得名。

特别感谢

拍摄场地提供　陶作坊
食养山房
红木屋休闲茶馆
北投文物馆

拍摄茶具提供　陶作坊、星海明国际艺术有限公司

本书主要摄影　王正凯先生

部分照片提供　陶作坊
叶勇宏先生

以及所有协助本书工作的朋友
何健先生、张孟起先生、张震洲先生、
刘素玉女士、叶勇宏先生、韩世勋先生

图书在版编目（CIP）数据

喝茶解禅／洪启嵩著．—2 版．—北京：生活 · 读书 · 新知三联书店，2018.6
ISBN 978－7－108－06064－8

Ⅰ．①喝…　Ⅱ．①洪…　Ⅲ．①茶文化－研究 ②禅宗－研究
Ⅳ．① TS971.21 ② B946.5

中国版本图书馆 CIP 数据核字（2017）第 195461 号

责任编辑　王　竞
装帧设计　蔡立国　刘　洋
责任校对　安进平
责任印制　卢　岳
出版发行　生活 · 讀書 · 新知 三联书店
（北京市东城区美术馆东街 22 号　100010）
网　　址　www.sdxjpc.com
图　　字　01-2018-2734
经　　销　新华书店
印　　刷　北京图文天地制版印刷有限公司
版　　次　2010 年 10 月北京第 1 版
2018 年 6 月北京第 2 版
2018 年 6 月北京第 4 次印刷
开　　本　720 毫米 × 965 毫米　1/16　印张 10.5
字　　数　115 千字　图 140 幅
印　　数　19,001－27,000 册
定　　价　49.00 元
（印装查询：01064002715；邮购查询：01084010542）